国际精神分析协会《当代弗洛伊德：转折点与重要议题》系列

论《论开始治疗》
On Freud's "On Beginning the Treatment"

（法）克里斯蒂安·修林（Christian Seulin）
（意）詹纳罗·萨拉格纳诺（Gennaro Saragnano） 主编

蒋文晖 译

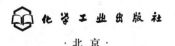

·北京·

On Freud's "On Beginning the Treatment" by Christian Seulin, Gennaro Saragnano
ISBN 978-1-780-49026-7

Copyright © 2012 to Christian Seulin and Gennaro Saragnano for the edited collection, and to the individual authors for their contributions.

All rights reserved.

Authorized translation from the English language edition published by International Psychoanalytical Association.

本书中文简体字版由 The International Psychoanalytical Association 授权化学工业出版社独家出版发行。

本版本仅限在中国内地（大陆）销售，不得销往中国香港、澳门和台湾地区。未经许可，不得以任何方式复制或抄袭本书的任何部分，违者必究。

封面未粘贴防伪标签的图书均视为未经授权的和非法的图书。

北京市版权局著作权合同登记号：01-2023-0685

图书在版编目（CIP）数据

论《论开始治疗》/（法）克里斯蒂安·修林（Christian Seulin），（意）詹纳罗·萨拉格纳诺（Gennaro Saragnano）主编；蒋文晖译 .—北京：化学工业出版社，2023.7

（国际精神分析协会《当代弗洛伊德：转折点与重要议题》系列）

书名原文：On Freud's "On Beginning the Treatment"
ISBN 978-7-122-43295-7

Ⅰ.①论… Ⅱ.①克…②詹…③蒋… Ⅲ.①弗洛伊德（Freud，Sigmmund 1856-1939)-精神分析-研究 Ⅳ.①B84-065

中国国家版本馆 CIP 数据核字（2023）第 069539 号

责任编辑：赵玉欣　王　越　　　　　装帧设计：关　飞
责任校对：张茜越

出版发行：化学工业出版社（北京市东城区青年湖南街 13 号　邮政编码 100011）
印　　装：大厂聚鑫印刷有限责任公司
710mm×1000mm　1/16　印张 12¾　字数 180 千字　2023 年 10 月北京第 1 版第 1 次印刷

购书咨询：010-64518888　　　　　售后服务：010-64518899
网　　址：http://www.cip.com.cn
凡购买本书，如有缺损质量问题，本社销售中心负责调换。

定　　价：59.80 元　　　　　　　　　　　　　版权所有　违者必究

致　谢

　　首先，我们非常感谢所有优秀的同事，他们以最宝贵和最值得赞赏的贡献丰富了这本书的内容。很高兴与他们一起分享为完成这本书所做的所有努力的成果。国际精神分析协会出版委员会（The Publications Committee of the International Psychoanalytical Association）的所有成员一直给予我们支持和指导。我们还要感谢我们在布鲁姆希尔（Broomhills）的助理 Rhoda Bawdekar 在编辑过程中所做的不可替代的工作，并感谢卡纳克图书公司（Karnac Books）的 Oliver Rathbone 持续提供帮助。

Christian Seulin[1]
Gennaro Saragnano[2]

---

　　[1] Christian Seulin 是巴黎精神分析学会（Paris Psychoanalytical Society，SPP）的培训分析师和督导分析师，也是国际精神分析协会（International Psychoanalytical Association，IPA）的会员。他是里昂 SPP 研究所培训委员会（Training Committee of the Lyon's Institute of the SPP）前秘书以及 SPP 培训委员会执行理事会（Executive Council of the Training Commission of the SPP）前秘书。他在里昂生活和执业。他目前是 SPP 里昂小组负责人。他著有五十多篇文章、图书章节以及一本书。

　　[2] Gennaro Saragnano 是医学博士、意大利精神分析协会（Italian Psychoanalytic Society）的会员和前秘书，也是在罗马私人执业的精神科医师和精神分析师。从 2000 年到 2007 年，他是《意大利精神分析协会通讯》（Bulletin of the Italian Psychoanalytical Association）的编辑。从 2005 年到 2009 年，他担任国际精神分析协会（IPA）的网站编辑委员会委员。自 2009 年以来，他一直是 IPA 出版委员会的成员。2011 年 8 月，他在墨西哥城 IPA 大会期间被任命为出版委员会主席。他目前也是《国际精神分析杂志》（International Journal of Psychoanalysis）的编辑委员会委员。

第三辑推荐序

国际精神分析协会（IPA）《当代弗洛伊德：转折点与重要议题》系列已经在中国出版了两辑——共十本，即将要出版的是第三辑——五本。 IPA组织编写和出版这套丛书的目的是从现在和当代的观点来接近弗洛伊德的工作。一方面，这强调了弗洛伊德工作的贡献构成了精神分析理论和实践的基石。另一方面，也在于传播由后弗洛伊德时代的精神分析师丰富的弗洛伊德思想的成果，包括思想碰撞中的一致和不同之处。丛书读来，我看到了IPA更大的包容性。

记得去年暑期，我们在还未译完的这个系列中，选择到底首先翻译哪几本书时，我们考虑了在全世界蔓延数年的疫情以及世界局部地区战争对人们生存环境的影响、新的技术革命带来的巨变给人类带来的不确定性等等因素。选中的这几篇弗洛伊德的重要论文产生于类似的时代背景下，瘟疫、战争和新的技术革命的冲击……今天，当我们重温弗洛伊德的思想时，还是震惊于他充满智慧的洞察力，同时也对一百多年来继续在精神分析这条路上耕耘并极大地拓展了精神分析思想的精神分析家们满怀敬意。如果说精神分析探索的是人性的深度和广度，在人性的这个黑洞里，投注多少力度都不为过。

我想沿着这五本书涉及的弗洛伊德当年发表的奠定精神分析理论基础的论文的时间顺序来谈谈我的认识。

一、《不可思议之意象》

心理治疗的过程可以说是帮助患者将由创伤事件或者发展过程中的创伤

导致的个人史的支离破碎连成整体的过程。

在心理治疗领域，对真相的探寻可以追究到神经科医生们对临床病人治疗的失败。这种痛苦激发了医生们对自己无知和失去掌控的恐惧，以及由此而生的探索真相、探索未知的激情。可以说，任何超越都与直面真相的勇气相连。

在弗洛伊德早期的论文《不可思议之意象》(The Uncanny)(1919)中，他就对他临床发现的"不可思议或神秘现象"做了最具有勇气的探索。

这篇论文的开头晦涩难懂，细读可以发现，他认为，要想理解这些不可思议之处"必须将自身代入这种感受状态之中，并在开始之前唤起自身能够体验到它的可能性……"因而，我将这篇论文的开始部分看作弗洛伊德对不可思议之意象的体验式的自由联想(free association)。

他对不可思议之意象的联想以及对词源学（德语、拉丁语、希腊语）的研究大致将不可思议之意象归结于令人不适的、心神不宁的、阴沉的、恐怖的、（似乎）是熟悉的、思乡怀旧的这样一个范畴。

我在读这篇文章时，感受到一种联想的支离破碎，这不是 free association（自由联想），而是 disassociation（解离），一种创伤的常见现象（在早年儿童的正常发展时期也可见这种防御现象）在弗洛伊德身上被激活。果然，他接下来以一个极端创伤的文本和自己的、听起来不可思议的亲身经历来进一步理解和描述这种意象。也许这样看来，批评者要批评他的立论太主观，随后，读者也会看到在他的一生中，他是如何与这种主观作战的，这也是他几次被诺贝尔生理学或医学奖提名而不得的主要原因，精神分析从来就不是纯粹意义上的科学。

弗洛伊德发现这种"不可思议之意象"还有个特点就是不自觉的重复。他写道：当我们原本认为只不过"偶然"或"意外"的时候，这一因素又将某种冥冥之中、命中注定的东西带到我们的信念中……必须解释的是，我们能够推断出无意识中存在的某种"强迫性重复"(repetition compulsion)在起主导作用。受压抑的情节产生不可思议之感。这种重复似乎依附着一个熟悉的"魔鬼"。

弗洛伊德进而认为，不可思议的经历是由一个被压抑和遗忘的熟悉物体的重新出现触发的（触发提示了应激）。因为这种触发，在短时间内，无意识和有意识之间的界限变得模糊。个人的认同感是不稳定的,自我和非自我之间的界限是不确定的。这种经历有一种难以捉摸的品质,但一旦到达意识层面,就会消失,而刚才经验的事件给主体带来陌生感,给主体带来一种"刚才发生了什么""我到底做了什么"的疑惑。我认为这形象地描述了解离现象。现今,我们可以非常清楚地看到弗洛伊德的《不可思议之意象》这篇论文中的多重主题,预示了精神分析理论的许多重大发展:诸如心理创伤的被激活以及心理创伤的强迫性重复的属性,作为心理创伤防御的双重自我的发现;不可思议之意象和原初场景(the primal scene)再现之间的联系;不可思议之意象作为艺术和精神分析经验的基本部分;等等。弗洛伊德的发现像打开了的潘多拉的盒子,在这本书里,作者们不只对不可思议之意象的临床动力学进行了探讨,更是在涉及广泛人性的文学、美术、历史等等方面进行了探讨。

二、《超越快乐原则》

紧随《不可思议之意象》之后,1920年,弗洛伊德思想的又一个重要结晶《超越快乐原则》一文问世。"死本能"概念横空出世。"不可思议之意象"和"死本能"概念的出现是精神分析史上的一个转折,这两件事都让人们困扰。两者都激发人们很多的负性情绪体验,想要去否认和拒绝,也让精神分析遭到许多的攻击。甚至今天在翻译此文的文字选择上也让出版人小心翼翼。然而,人类反复被它们创伤的事实让我们不得不重新回顾它们,重新认识它们。

弗洛伊德最初的人类动机理论(Freud,1905d,1915c)认为有两种基本的动机力量存在:"性本能"和"自我保存本能"。前者通过释放寻求性欲的愉悦,实现物种繁衍的目的;后者寻求安全和成长,实现自我保存的目的。这两种本能也被称为"生本能"。

在《超越快乐原则》中出现的"死本能"则是一个新概念:它指的是一种"恶魔般的力量",寻找心身的静止,其最深的核心是寻求将有生命的事物还原为最初的无生命状态。

精神分析理论因此转变而受到地震式的冲击,各种攻击铺天盖地。在这里弗洛伊德早期有关"施虐是首要的、受虐是其反向形式的最初构想被推翻了";在"死本能"概念中,将"受虐作为首要现象,而施虐则是其外化的结果"。

"快乐原则"（Freud，1911，1916—1917）在心理生活中的至高支配地位也受到了质疑。还有另一个难题是关于重复，1920年对它的解释完全不同于1914年的文章《记忆、重复和修通》（1914g）中的解释。

本能理论修改的三个主要后果：
1. 将攻击性提升为一种独立的本能驱力；
2. 早先提出的自我保存本能在无意中被边缘化；
3. 宣称死亡是一种毕生的、存在性的关切，无论后面伴有或不伴有所谓的"本能"。

总结一下就是，弗洛伊德将性本能和自我保存本能都称为"生本能"，把攻击性提升为一种独立的本能驱力。宣布这种攻击性驱力是死本能的衍生产物，而死本能与生本能一起，构成了生命斗争中的两种主要力量。

确立攻击性的稳固核心地位也为人类天生具有破坏性的观点提供了一个锚点。

梅莱尼·克莱因（Klein，1933，1935，1952）虽然从一开始就拥护这一概念，但她的工作仍然集中于死本能的外化衍生物上，这导致了对"坏"客体、残酷冲动和偏执焦虑的产生的更深入的理解。她的后继者们的贡献（Joseph，本书第7章；Bion，1957；Feldman，2000；Rosenfeld，1971）通过论证死本能对心理活动的影响，扩展了死本能概念的临床应用。他们强调了这种本能的能力，它可以打断精神连接，最终达到其"不存在"的目的。在他们看来，死本能实际上并不指向死亡，**而是指向破坏和扭曲主体生命和主体间性生命的意义和价值。**

在弗洛伊德逐渐增加的对人性的冷峻思考后，精神分析思想的继任者中有一批人（如克莱因、比昂等）拥护这一理论但强调死本能的外化衍生意义。还有另外一批人则被称为温暖的精神分析家，如：巴林特（Balint，1955）提出了一个非性欲的"原初的爱"（primary love）的概念，类似于自发维持依恋的需要；温尼科特（Winnicott，1960）谈到了"抱持的环境""自我的需要"（ego needs），凯斯门特（Casement，1991）将这一概念重新定义为"成长的需要"（growth needs），由此将其与力比多的需求区分开来；而在北美，科胡特（Kohut）创立的自体心理学理论弥补了巴林特和温尼科特在北美的不受重视，为精神分析的暖意增加了浓墨重彩的一笔。但是，即使暖如科胡特这样的分析家也是在对人类冰冷创伤的深刻洞见下，强调了生命的存在需要共情的抱持。

目前正在通过网络在中国教学的肯伯格大师也属于人性的冷峻的观察者。他认为从更广泛的意义上讲，生本能和死本能是驱使人类一方面寻求满足和幸福，另一方面进行严重的破坏性和自我破坏性攻击的动力，他强调这种矛盾性。他认为有种乐观的看法，即假设在早期发展中没有严重的挫折或创伤，攻击性就不会是人类的主要问题。死亡驱力与这种对人性更为乐观的看法大相径庭。作为人类心理学核心的一部分，死亡驱力的存在非常不幸地是一个在实践中存在的问题，而不仅仅是一个理论问题。如前所述，在底层，所有潜意识冲突都涉及某种发展水平上的爱与攻击之间的冲突。

也许是为了避免遭受与弗洛伊德一样的批评，或者是随着科学在弗洛伊德以后百年的发展，肯伯格更加谨慎地相信死本能至少在临床上是很有意义的，他也强调了在特殊文化下（如希特勒主义和恐怖主义中）死本能的问题。

肯伯格认为精神分析界目前正在努力解决的问题是：驱力是否应该继续被认为是原始的动机系统，还是应该把情感作为原始的动机系统（Kernberg, 2004a）。而情感是与大脑神经系统相关的。

现在肯伯格已经不是唯一持这种观点的人。他们认为情感构成了原始的动机系统，它们被整合到上级（指上一级大脑）的正面和负面驱力中，即力比多驱力和攻击性驱力中。这些驱力反过来表达它们的方式，是激活构成它们的不同强度的情感，通过力比多和攻击性投注的不同程度的情感表现出来。简而言之，肯伯格相信情感是原始的动机。

肯伯格对不同程度的精神病理，对强迫性重复的"死本能"的理解令人印象深刻。实际上重复与自恋相关，温尼科特的名言是"没有全能感就没有创伤"。肯伯格认为：强迫性重复可能具有多种功能，对预后有不同的影响。有时，它只是重复地修通冲突，需要耐心和逐步细化；另一些时候，代表着潜意识的重复与令人挫败或受创伤的客体之间的创伤性关系，并暗暗地期望，"这一次"对方将满足病人的需要和愿望，从而最终转变为（病人）迫切需要的好客体。

"许多对创伤性情境的潜意识固着都有上述这样的来源,尽管有时这些固着也可能反映了更原始的神经生物学过程。这些原始过程处理的是一种非常早期的行为链的不断重新激活,这种行为链深深植根于边缘结构及其与前额皮质和眶前皮质的神经连接中。在许多创伤后应激障碍的案例中,我们发现强迫性重复是一种对最初压倒性情况的妥协的努力。如果这种强迫性重复在安全和保护性的环境中得到容忍和促进,问题可能会逐渐解决。"

然而,在其他案例中,特别是当创伤后应激综合征不再是一种主动综合征,**而是作为严重的性格特征扭曲背后的病原学因素起作用时**,通俗地说,当创伤事件在人格形成的初始阶段(即童年)就发生,并且在成年早期反复发生导致人格障碍时,强迫性重复可能是在努力地克服创伤情境,但潜意识却在认同创伤的来源。病人潜意识认同创伤的施害者,同时将其他人投射为受害者,病人潜意识地重复着创伤情境,试图将角色颠倒,就好像世界已经完全变成了施害者和受害者之间的关系,将其他人置于受害者的角色(Kernberg,1992,2004)。这样的反转可能为病人提供潜意识的胜利,于是强迫性重复无休止地维持着。还有更多恶性的强迫性重复的临床发现,比如所谓的"旋转门综合征""医生杀手",患者出于想胜过试图提供帮助的人的潜意识感觉,而潜意识地努力破坏一段可能有帮助的关系,只是因为嫉妒这个人没有遭受病人所遭受的心灵痛苦。这是一种潜意识的胜利感,当然与此同时,病人也杀死了自己。

简而言之,强迫性重复为无情的自我破坏性动机理论提供了临床支持,这种破坏性动机理论是死亡驱力概念的来源之一(Segal,1993),在最严重的情况下,对他人的过度残忍和对自己的过度残忍往往是结合在一起的。

强迫性重复在临床和生活中也呈现最轻微的形式:"他们由于潜意识的内疚而破坏了他们所得到的东西,这种内疚感通常是与被深深地抑制的俄狄浦斯渴望(因为过于僵硬的超我)有关,或与对需要依赖的早期客体的潜意识攻击性(爱与恨的矛盾情感)有关。这些发展(水平的病人)比较容易理解,也比较容易治疗;在此,自我破坏是为了让一段令人满意的关系得以发展而必须付出的'代价',其原始功能不是破坏一段潜在的良好关系。"这类似于药物治疗的副反应。

在这本书冷峻的基调里,我们还是看得见人性温暖的一面,也就是强迫性重复的自愈功能，以及临床工作者与患者一起为笼罩着死亡气息的严重创伤寻找的生路。

肯伯格认为创伤、病理性自恋和强迫性重复的预后取决于多种因素，其中，拥有基本的共情能力，总体来说是有道德良知的，对弱者感到关切，在工作、文化、政治、宗教中有一个真正的稳定的理想，这些都是预后良好的因素。

最后，现年95岁的肯伯格认为，至少临床上应该支持死亡驱力的概念。

三、《防御过程中自我的分裂》

接下来，我们来到《防御过程中自我的分裂》。与此相关的是：研究发现创伤、重复和死亡驱力后，这些人怎么存活下来的问题也如影相随。虽然在弗洛伊德最早的著作［1895年的《癔症研究》（*Studies on Hysteria*）］中，他就提出了"分裂"的概念，但这个概念直到在他很久以后的著作中才在理论上得到解决。1938年，在《精神分析纲要》一书中，他将"分裂"描述为一种"防御过程中的自我分裂"。这是人类面对创伤自我的感知时的防御，感知部分地被接受，同时部分地被否认，在心智中导致两种相反的态度共存，而又显然彼此"和平共处"，但这种在自我感知和驱力之间的分裂线上刻入的缺口，将成为所有后续创伤的断裂来源。

弗洛伊德认为人类的心智有能力将痛苦的经历隔离开来，或者主动尝试将自己与这些经历隔离开来。

自1938年以来，这些概念在精神分析领域经历了许多发展和修改。

最重要的贡献来自梅莱尼·克莱因。由弗洛伊德引入，后来被克莱因、比昂和梅尔泽修改的这个概念的新颖独创性，在于提出自体的两个或多个部分在精神世界中分裂，并继续生活在相伴随但彼此隔离的生活中，根据它们各自的心理逻辑运作，过着不同的生活。

克莱因的工作阐明了就"好与坏"客体而言，客体的分裂这一观点。她的许多追随者都研究过病理性分裂的各个方面，特别是在临床的"边缘"或"非神经症"状态。这些概念在精神分析领域经历了许多发展和修改，当今的看法是：分裂机制诸如否认、投射性认同、理想化等是基本的心理组织方式之一。这些假设和概念已经成为当前精神分析实践的特征。

今天，无论它是作为一种防御机制还是心智构建过程，我们不再质疑是否存在一种被称为"分裂"的心理现象，目前我们想知道的是：它如何参与心理建构、它产生了什么影响，以及自体和客体的分裂部分如何恢复。

1978年，梅尔泽在其开设的关于比昂思想的入门课程中讲道：对于不熟悉"分裂"和"投射性认同"概念使用的人，以及那些可能对这些概念有点厌倦的人来说，可能很难意识到克莱因夫人1946年的论文《关于一些分裂机制的笔记》(*Notes on Some Schizoid Mechanisms*)对那些与她密切合作的分析师产生的震撼人心的影响。除了比昂后期的作品之外，可以说，未来三十年的研究历史可以由现象学和这两个开创性概念的广泛影响来书写（Meltzer，1978）。

从弗洛伊德之前的精神病学，到弗洛伊德，再到克莱因和费尔贝恩，最后到比昂，"分裂"一词的含义历史悠久而错综复杂。这一术语的含义和不同作者构思其作用的方式，根据参与本书写作的不同作者的共时性和历时性解读而有所不同。

对于克莱因来说，这个概念似乎与未整合（non-integration）状态的概念混合在一起，这是她得自温尼科特的一个概念，是活跃分裂之前的一种状态。在这种情况下，分裂并创造第一个心理结构，而与之相伴开始行使功能。

比昂更进一步，提出不仅自体的部分可以被分裂，心理功能也可以被分裂。

心理分裂更直接的后果是精神生活的贫乏。当病人从痛苦和无法承受的情绪中分离出来时，他也能够从拥有那种情绪的那部分自体中分裂出来。他认为这导致精神的贫乏，这种贫乏以各种形式发生，人就失去了精神生活的连续性，因此人对自己的感受和行为负责的能力也就减弱，进而干预和掌控自己命运的能力受到严重影响。由于情感体验之间失去连接而分裂，象征化的能力和建构心理表征的可能性明显受到阻碍。

托马斯·奥格登（Thomas Ogden，1992）将这两种位置（偏执分裂位和抑郁位）定义为"'产生体验的手段'，这对个体在成为自己历史的一部分和产生自己的历史（或不能这样做）方面的作用以及主体性的辩证构成的议题，进行了非常丰富的反思。一种产生体验的非历史性方法剥夺了个体所谓的我性（I-ness）"，换句话说，我性是指"通过'一个人的自体和一个人的感官体验之间的中介实体'来诠释他自己的意义的能力"。

分裂造成的历史不连续感导致情感肤浅，这也影响了一个人与自己的自体，或如克莱因学派所说的内部客体之间，保持鲜活的亲密对话的可能性。

比昂认为：在记忆或心理功能之间建立障碍所指的不仅是自体部分之间的分裂，而且是心理功能的分裂，分裂的机制通过破坏或碎片化情感体验的意义，干扰了人类精神生活的核心结构，继而也使产生象征的能力趋向枯竭。

在这种情况下，精神分析会谈中对潜意识分裂产生的洞察力，将病人从一种带来伤害的构建生命历史的方式中解放出来，这种方式被过去的情感经历严重限制，导致自动重复（强迫性重复模式），并生活在再次被创伤的危险氛围中。

在这种背景下，整合分裂的部分，还具有释放潜能的功能。

"重要的是要强调，修复过去的创伤情境只有通过整合自体分裂部分才有可能。"

在今天的精神分析中有一个共识，即反移情起源于投射性认同的过程，因此以分裂作为基础。通过投射性认同，病人将自体的一些方面（或全部）投射/分裂到分析师身上。分析师（投射性认同的接受者）在投射中暂时成为被病人否认/分裂的那些方面。他将自己转变为因病人存在冲突而不能存在的我——自体。因此，病人的投射部分，总是指自体的分裂部分，在分析师的主体性中被客体化。奥格登（Ogden，1994a）指出，在医患的投射性认同中，主体间性就诞生了。我理解这就是创造性，医患双方都得以再创造。

这样的创造让我们以有情感反应的方式生活在一个持续不稳定的世界中，而这些情感中不仅仅是恐惧。今天，重新整合自体和客体的分裂部分，不仅与重建过去的创伤有关，最重要的是，还与个体将自己视为其历史的主体的可能性有关。

四、《抑制、症状和焦虑》

我们终于来到了精神病学中最重要的现象学——焦虑。当今的科学精神病学（在此处主要指生物精神病学）对焦虑障碍有很大的人力、物力的投入，希望在不久的将来能看到重要的突破。

《抑制、症状和焦虑》毫无疑问是弗洛伊德最重要的理论论文之一。该论文写于1925年，它包含了精神分析在接下来的几年里所取得的几乎所有发展的种子。焦虑作为一个症状、一个显著的现象学特征，无处不在地充斥在每个环节中。为焦虑寻源毫无疑问成为弗洛伊德必须要完成的任务。为了实现自己的目标，他依靠了广泛的人文教育，这种教育由早熟的好奇心和阅读经典来推动，他甚至在维也纳创办了自己的西班牙语学院，以完成用原始语言阅读Don Miguel de Cervantes Saavedra的《堂吉诃德》。因此，由于这种永不熄灭的求知欲，他熟悉了人性中最肮脏的隐秘角落，也熟悉了最高尚的角落。严谨研究者的精神是他的另一个个性组成部分，体现在他的作品中。这一品质是在布鲁克和梅内特的实验室中形成的，他在那里以神经生理学家的身份进行训练和研究。这两个实验室都被视为他那个时代科学实证主义的杰出机构。

对"潜意识"的发现会质疑理性意识，但他从未失去过认识论上的现代主义和批判精神。他没有质疑或否定对有意识的头脑的需要，更重要的是对可理解性的需要，以实现对概念和理论的阐述。

他第一次进入焦虑问题可以追溯到1893年与Wilhelm Fliess的通信，而后在长达近四十年的众多著作中继续探讨，并延伸到1932年至1933年的《精神分析新论》（Freud，1933a），这也是他那个时代前精神分析医学风格的典范。他将"焦虑神经症"与"神经衰弱症"（Freud，1895）分开，他阐述了他的第一个焦虑理论，将其定义为由心理能力不足或这种兴奋的累积所导致的心理上无法处理过度的躯体性兴奋。在这里，性唤起最终转化为焦虑。

现代精神病学将其纳入"焦虑障碍"一词中，他逐渐从"身体上的性兴奋"转变为心理上的力比多（libido）"性欲"，正是这种性欲，而不是通过适当的性行为，转化为焦虑。这可以被认为是他第一个焦虑理论的顶点。他第一次不仅处理了"神经症性"焦虑，还处理了"真实"焦虑，以及两者之间的关系；这使他在两种情况下都发展出了"危险情境"这一主题，即焦虑是对感到危险的应对。他提出了"物种癔症"的假设，并为这种情感的生物学意义开辟了道路。在不断的探索中，他发现焦虑是由自我产生的，而不是本能，他以这样的方式放弃了最初力比多转化为焦虑的说法，他以酒转化为醋的化学反应为基础来进行比喻。他认为焦虑也不是潜抑的结果，正是焦虑促进了潜抑。由此，他的第二个焦虑理论形成。

此外，因为肯定了人类系统发育和动物生活中情感的生物学显著意义。他还提出了一个与现代神经科学联系的桥梁，我们可以在《抑制、症状和焦虑》一文中找到帮助我们建立适应我们时代的精神分析疾病分类学的理论元素。

随后随着精神分析的发展，温尼科特在二十世纪四五十年代、科胡特主要在六十年代进入这一领域，他们将自我紊乱的焦点从以驱力为中心的固着转移到发展中的停滞。婴儿依赖母性的照顾来获得安全的氛围和安全的内部环境基础，这一点至关重要。要达到促进心理的发展，父母和孩子之间必须进行更多沟通。但是即使在婴幼儿期间，父母和孩子之间有最令人满意的经历，照料中也会出现中断和不可避免的失败。这些挫折会导致婴儿不同程度的痛苦，表现为烦躁、紧张、反应性愤怒和焦虑。这就是所谓"good enough mother"（六十分及格）父母的来源。

在这一本书里，还展示了 IPA 重大的变革，它包含拉康派（早期被IPA 开除）学者论焦虑的文章。他认为当现实客体的消失所产生的焦虑指的是这样一个事实：驱力还在那个现实客体消失的地方存在，它"要求"丧失物的象征和想象的存在。只要丧失的东西被带走，悲伤就会出现，而悲伤所带来的焦虑和痛苦也会随之而来。这种表述与弗洛伊德的《哀伤与忧郁》一文所表述的何其一致，这也体现了拉康后期的观点：回到弗洛伊德。

然而，随着二十世纪的发展，尤其是从二十世纪五十年代末开始，到二十世纪后半叶，关于大脑的研究取得了重大进展，神经科学包括神经解剖学、神经生理学、神经生物学和神经心理学，已经成为一门多方面的学科，并以较快的速度发展。对一些精神分析学家来说，这些发现显然有助于推进精神分析理论的发展。在婴儿早期发育中，记忆和记忆系统，以及情绪，特别是恐惧和焦虑方面的研究发现，被认为是有助于不断完善基本理论原则的领域，而广泛的概括可以被更详细地划分和研究。

重要的是要记住，疼痛、恐惧和焦虑，尤其是预期焦虑，是一种警告系统，告诉我们身体完整性面临危险或威胁；这些系统具有保护作用，不仅对生存至关重要，而且对维持健康也至关重要。尽管表面上看起来有违直觉，但我们需要不快乐才能获得快乐，因为如果没有我们的恐惧和焦虑系统，我们将处于危险之中。

回到弗洛伊德最后一个焦虑理论至关重要的攻击性方面，即信号焦虑。

当他提出这个概念时，信号焦虑警告危险并动员防御。这就是他在《抑制、症状和焦虑》中所说的："对不受欢迎的内部过程的防御将以针对外部刺激所采取的防御为模型，即自我以相同的方式抵御内部和外部危险。"

总之，一百年后，随着神经科学的发展，弗洛伊德的身份认同——神经科医生身份与精神分析创始人身份，达到了更进一步的整合。这套丛书也展示了当今国际精神分析协会的观点。

五、《论开始治疗》

本套丛书在众多的令人头痛的理论探索之后，终于来到了也许是专业读者们最关心的问题，怎样做精神分析治疗。在这个环节，我不想做更多的赘述，丛书编辑 Gennaro Saragnano 的这段描述就相当简洁和精彩：

"《论开始治疗》（1913）是 Freud 最重要的技术文章之一，这是他在 1904 年至 1918 年间研究的主题。这篇论文阐述了精神分析的治疗基础和条件，为分析实践提供了坚实的参考。弗洛伊德把技术说成是一门艺术，而非一组僵化的规则，他总是考虑到每一种情况的独特性，虽然自由联想和悬浮注意的基本方法被指定为精神分析的方法，这将它与暗示区分开来。"

在这本书中，来自不同精神分析思想流派和不同地理区域的十位著名精神分析师，将当代的技术建议与弗洛伊德建立的规则进行对质。根据分析实践的最新进展，这本书重新审视了以下重要问题：当今开始一个分析的条件；移情和联想性；精神分析师作为一个人的角色扮演与主体间性；当代实践中的基本规则阐述；诠释的条件和作用；以及在治疗行动中充满活力的驱力。

回到本文的开头，针对弗洛伊德方法的主观性的不足，精神分析治疗开始要求精神分析师进行严格的、长期的（基本长达四到五年）、高频的（每周四次）分析。这也与精神分析理论的"受虐在施虐之前"相一致。难道成长不是一场痛苦的旅行？痛过之后才能对人生的终极命题——死亡——坦然接受吧！

童俊

2023 年 8 月 1 日星期二 于武汉

国际精神分析协会出版委员会第三辑[1]
出版说明

这套重要的系列专著由 Robert Wallerstein 创立，随后由 Joseph Sandler、Ethel Spector Person 和 Peter Fonagy 主编，最近由 Leticia Glocer Fiorini 主编。它的重要贡献一直引起不同地区的精神分析师们的极大兴趣。因此，作为国际精神分析协会出版委员会的新任主席，我非常荣幸地延续出版这套最成功的书的传统。

这套书的目的是从现在和当代的视角来探讨 Freud 的著作。一方面，这意味着强调他的著作的重要贡献，这些贡献构成了精神分析理论和实践的轴心。另一方面，它暗示了了解和传播现今的精神分析师们对于 Freud 著作的观点的可能性，包括它们的一致之处和不同之处。

这个系列至少考虑了两条发展线路：一是对 Freud 的当代解读，重申他的贡献；二是澄清其现今被解读的著作中的逻辑观点和认知观点。

Freud 的理论已经有了分支拓展，这导致了理论上、技术上及临床上的多元化，这是必须要进行处理的。因此，有必要避免一种舒适的、不加批判的"概念共存"，以便考虑到系统的日益复杂性，同时考虑到这些类别的趋同和分歧。

因此，这项工作涉及一个额外的任务——聚集来自不同地理区域的精神

---

[1] 《当代弗洛伊德：转折点与重要议题》（第三辑）简称"第三辑"。——编者注

分析师们，呈现不同的理论立场，以便能够展示多种声音。这也意味着读者要付出额外的努力去区分和辨别不同理论之间的关系或矛盾之处，每个读者最终都要解决这些问题。

能够倾听不同的理论观点也是在临床领域中锻炼我们倾听能力的一种方式。这意味着在倾听中应该营造一个自由的空间，让我们能够听到新的和原创的东西。

本着这种精神，我们聚集了深深扎根于Freud学说传统的作者和其他发展了Freud著作中没有被明确考虑的理论的作者。

《论开始治疗》（1913）是Freud最重要的技术文章之一，这是他在1904年至1918年间研究的主题。这篇论文阐述了精神分析的治疗基础和条件，为分析实践提供了坚实的参考。Freud把技术说成是一门艺术，而非一组僵化的规则，他总是考虑到每一种情况的独特性，（虽然）自由联想（free association）和悬浮注意（suspended attention）的基本方法被指定为精神分析的方法，因为这将它与暗示（suggestion）区分开来。

在这本书中，来自不同精神分析思想流派和不同地理区域的十位著名精神分析师，将当代的技术建议与Freud的训示进行对质。根据分析实践的最新进展，这本书重新审视了以下重要问题：当今，开始进行分析的条件；移情和联想性；精神分析师作为一个人的角色扮演与主体间性；当代实践中的基本规则阐述；诠释（interpretation）的条件和作用；在治疗行动中充满活力的驱力。

因此，特别感谢这本书的作者们，这本书丰富了《当代弗洛伊德：转折点与重要议题》系列。

Gennaro Saragnano

系列书主编

国际精神分析协会出版委员会主席

目 录

001 **导论**
克里斯蒂安·修林（Christian Seulin）

009 **第一部分　《论开始治疗》**（1913c）
西格蒙德·弗洛伊德（Sigmund Freud）

029 **第二部分　关于《论开始治疗》的讨论**
031 "论开始治疗"：一个当代的观点
西奥多·雅各布斯（Theodore Jacobs）
039 从过去到现在：在接受精神分析治疗的条件及其设置方面发生了什么变化？
玛丽-弗朗斯·迪帕克（Marie-France Dispaux）
052 移情和联想性，精神分析，以及它与暗示的辩论
勒内·鲁西隆（René Roussillon）
069 在开始治疗时，分析师这个人和主体间性的角色
刘易斯·基什纳（Lewis Kirshner）
078 一路游向最基本的规则

安东尼诺·费罗（Antonino Ferro）

093 | 埃米如何让弗洛伊德沉默下来进入分析性的倾听

帕特里克·米勒（Patrick Miller）

109 | 导致诠释的工作

罗杰利奥·索斯尼克（Rogelio Sosnik）

124 | 诠释的功能：两个寻找意义的角色

爱丽丝·贝克尔·列维科维奇（Alice Becker Lewkowicz）

塞尔吉奥·列维科维奇（Sergio Lewkowicz）

135 | 如何修改潜意识：一个与转化有关的-模块化的方法及其对精神分析性心理治疗的启示

雨果·布莱克马尔（Hugo Bleichmar）

148 | 冲突性的力量：论开始治疗

诺伯托·C. 马鲁科（Norberto C. Marucco）

163 | **参考文献**

177 | **专业名词英中文对照表**

导论[1]

克里斯蒂安·修林（Christian Seulin）

[1] 由 David Alcorn 翻译。

Freud 的论文《论开始治疗》（On Beginning the Treatment）（1913c）无疑是他关于技术问题的最重要的著作之一。他在 1904 年至 1918 年间写了几篇关于技术的论文，其中最重要的一篇写于 1910 年至 1915 年间，这是国际精神分析协会成立后的一段时期。精神分析的发展、精神分析师数量的增加、地理边界的扩大，以及从在一些治疗中遇到的困难中吸取的经验教训——所有这些因素导致精神分析的发明者去建立精神分析技术的基本原则。

Freud 并没有制定一系列硬性的、严格的规则——恰恰相反：他的选择是基于他自己的经验，他更多地把精神分析实践视为一种艺术，而不是刻板地执行戒律。正如他自己所说的，他更多地是在做"推荐"。

严格意义上的精神分析方法可以追溯到 Freud 1907 年的"鼠人"（Rat Man）案例；他从对 Dora 治疗的失败中学到了很多，在这之中，正如他后来承认的，他过分强调理智上的理解和对梦的系统分析，从而对移情产生了不利影响。

在他 1913 年的论文中，他所说的关于开始治疗（他把它比作学习如何下国际象棋）的这个持续性的话题丝毫没有被当代临床实践削弱。设置（setting）的不可侵犯性和开始治疗的实际条件，这两者的重要性使保持临床材料的可理解性成为可能，也使移情（transference）在萌芽状态中就被抓住成为可能。

为了克服各种关于适应证的不确定因素，Freud 设想了一个治疗的试做时期（trial period），这个观点在当代精神分析中得到了呼应，这种呼应不仅包括 Jean Bergeret 于 20 世纪 70 年代提倡的对设置做的许多调整以及在边缘性病例中的两阶段治疗方法（Bergeret，1975），还包括 50 多年来一直在使用的各种创新性的精神分析技术（对精神病患者的心理治疗、心理剧、团体分析、家庭治疗、冥想治疗）。这些发展带来了技术上的改进，使之更适合那些至少在最初阶段无法采用传统治疗方式的患者。

关于精神分析的适应证，Freud 在 1913 年的论文中坚持了他在 1904 年的文章《论心理治疗》（On Psychotherapy）（1905a [1904]）中所采取的立场。我认为在这些适应证之间作一个比较是非常合理的，这些适应证主要涉及他在 1913 年的论文中详细描述的移情神经症（transference neuroses）、基本规则，以及他的关于诠释技术的概念。

尽管大多数分析师都认为基本规则在理论上很重要，但在何时以及如何引入该规则的方面存在显著差异。最初，当基本规则被提出时，它是针对受分析者（analysand）的，其地形结构（topographical structure）使关联的想法（einfall）被表达；在这种情况下，受分析者的精神组织或多或少是在潜抑（repression）的庇护下构建的。他/她也被假定能够进行反思——自我能够观察内在心理事件的过程并描述它们；乘客乘火车旅行并向别人描述乡村，这个隐喻是一个很好的例子，说明了心理过程是如何被表达的。正如 Jean-Luc Donnet（1995a）所表明的那样，在规定的/放任的双重维度上，基本规则与自我和超我之间的差距有关。在这方面，当精神分析中出现有关界线的情况（Roussillon，1991）时，它的有效性和它所涉及的问题将遇到一些困难。精神分析治疗适应证和技术的扩展带来了对基本规则的某种挑战；许多精神分析师不再提及它，有些甚至质疑它的相关性。

这种与基本规则有关的困难在分析师的诠释技巧中得到了呼应。在 Freud 1913 年的论文中，诠释与解除潜抑以及揭示一些隐藏的意义有关，正如 Freud 所暗示的，这些意义已经呈现出来。当然，伴随着潜抑的解除，一种新意义被创造出来，这种新意义在那之前还是闻所未闻的，在移情/反移情（coun-tertransference）中遇到的这种意义既鼓励又创造了一种新的意义。然而，当创造意义胜过解除潜抑，当分析师的心理工作成为意义的共同创造者时，诠释就倾向于让位给建构——这是 Freud 在他的论文《分析中的建构》（*Constructions in Analysis*）（1937d）中探索的一个主题。分析师所说的东西与治疗小节（session）中所发生的事情有关，这是受分析者无法用语言表达的东西：在边缘性的案例中，移情在本质上非常不同于 Freud 在 1913 年提到的那种。当时，他认为移情是通过置换（displacement）完成的，这种置换是由移情转为言语化来支持的。在边缘性的案例中，移情是压倒性的、剧烈的和过程性的，无法被受分析者识别和承认，在此时此地的维度中，它摒弃了任何种类的时间性。"过去"只在分析师那里被活现，但它并不被理解为属于过去。Winnicott 的关于精神分析情境中的退行（regression）(1958a) 和关于对客体的使用（1971）的工作对于我们理解当代精神分析中的这些问题是一个重大贡献。只有通过分析师对反移情的工作和处理，时间性才能在治疗过程中被复苏或被重建。这种诠释的技术不再是对受分析者觉察到的某些东西进行最后的润色；通过投射，分析师作为一个人参与其中。从投射性认同（projective identification）和基于"被选中的事实"的建构的角度，这些过程可以被理解（Bion, 1962）。然而，在这种情况下，必须考虑到暗示可能再次渗入精神分析技术的这种风险——Freud 一直对此保持警惕。

精神分析治疗适应证的这些发展加强了对分析师均匀悬浮注意（evenly suspended attention）的强调，毫无疑问，这种手段可以避免暗示的威胁；在 Freud 写《论开始治疗》的前一年，他在他的论文《给实践精神分析的医生的建议》（Recommendations to Physicians Practising Psycho-analysis）(1912e) 中推荐了这种技术。基本规则的目的是建立自由联想（free association）；它的实施，连同分析师的均匀悬浮注意，是精神分析方法的核心。然而，时下更加强调的是分析师的自由浮游注意（free-floating attention），以及其隐含的推论、对反移情的分析。当移情非常难以转为言语化时，在移情中无法用语言表达的符号将在分析师的内在状态中被寻找，在理想情况下，这种状态被认为是可获得的，且其中不存在任何先验的印象。

这让我们知道，一旦基本规则被宣布，受分析者的沉默可以被赋予意义。Freud 认为这是阻抗（resistance）的一种形式：女性患者表达了对性攻击的焦虑，而男性患者则表达了对他们强烈的同性恋倾向的焦虑。基本上，在这种情况下，Freud 倾向于诠释内容，而不考虑起作用的心理过程的经济方面。这是否与一种压倒心理装置的大量移情的突然出现有关？是否与在向语词表征（word-presentations）的移动过程中拒绝放弃事物表征（thing-presentations）有关？也许表达基本规则会对受分析者产生创伤性的影响，以至于不可能将它纳入分析中。当 Freud 向保持沉默的患者建议，他/她必须思考设置、房间、房间里的物品或分析师时，这证明了这样一个事实，即他直觉地感到，鉴于表征没有以任何适当的方式发挥作用，有必要求助于感知觉。我们真的可以认为这种临床模式是一种阻抗吗？

这个相当极端的例子表明，在某些形式的治疗中，真正的议题是鼓励自由联想——在这些情况下，自由联想与其说是治疗的手段，不如说是治疗的目的和任务。在这里，这个想法与其说是为了挖掘潜意识的冲突，不如说是为了在分析中恢复某种程度的地形功能运作。其目的是在初级过程（primary processes）和次级过程（secondary processes）之间建立足够灵活的相互作用——此后，它们重新发挥作用，而在此之前，它们是分离或合并在一起的。 Green（1995）非常恰当地描述了在分析师内在世界中的第三级过程（tertiary processes），这可以在一定程度上恢复初级过程和次级过程之间的功能配对。当然，受分析者的沉默不是表达自由联想存在问题的唯一方式；还应该考虑的是语言的符号效率、给驱力力量（driving force）赋予意义的能力，以及当分裂和否认掩盖了意义性，或当修通（working through）被证明是不充分的而由释放（discharge）进行接管的时候，自我让自己的声音被听到的能力。

在 Freud 的关于开始治疗的论文中，他对精神分析治疗的描述非常适合移情神经症，其中诠释的工作集中在对阻抗的分析上；可以说，所采用的方法的动力学（dynamics）非常自然地展现了出来。 Freud 把这个过程与怀孕做了比较。分析师启动一个过程，就像男性伴侣触发一次受精一样，这个受精过程将持续下去，直到它的自然终止。冲突被处理的顺序以及被潜抑的事物的衍生物不在分析师的控制范围之内。受分析者角色的重点是对此的修通——这不仅仅是一种理智上的理解，它意味着促进心理地形学中的意识（Cs）、前意识（Pcs）和潜意识（Ucs）部分之间的交流。

分析师的"同情性的理解"和"中立"（neutrality）意味着他/她将是正性移情、治疗背后的驱力的对象；这将与受分析者对自我认识的渴望联系起来，并确保这个过程会成功。

Freud 提出的怀孕图像——不考虑其自然过程的想法——在这个分析性二元体中引入了第三方因素。这个因素有其自身的动量（momentum）；它既不是分析性二元体中的一个也不是另一个，而是在分析设置情境中，治疗的两个参与者之间相遇的结果。在当代精神分析中，这一富有成果和创造性的相遇图像，有助于关于"精神分析治疗动力学如何被理解"的许多议题的发展。

鉴于分析师的特定角色，患者和分析师之间的相遇在患者身上造成了一种休克（shock），至少在某种程度上它是创伤性的；然而，这并不意味着一个过程会自动开始。我们目前的经验更倾向于强调过程的不连续性或混乱［正如 Green（2002a）在他关于边缘状态的著作中所指出的那样］。临床模式越困难、患者的地形学结构越脆弱，在这一过程的发展或衰退中缺陷的威胁就越大。必须在相应背景中解读 Freud 的这篇 1913 年的论文——它写于 20 世纪 20 年代的转折点之前，很明显，有必要考虑到当时强迫重复的绊脚石、负性治疗反应造成的巨大破坏以及道德受虐狂的恶魔本性。

本书首先以 Freud 的论文《论开始治疗》开篇，在之后的篇章中，作者们根据我们在当代精神分析中遇到的临床模式，对他在论文中提出的主要观点进行一些深入的研究。此外，作者们也会更充分地探讨我在本篇导论中概述的一些想法。

第一部分

《论开始治疗》

（1913c）

西格蒙德·弗洛伊德（Sigmund Freud）

论开始治疗[1]

(关于精神分析技术的进一步建议)

任何希望从书本中学习高贵的象棋游戏的人很快就会发现,只有对开始和结束时的棋局,才有详尽、系统的描述,而开局后逐渐形成的无限变化的走法是无法有这样的描述的。这种指导上的空白只能通过对大师们所进行的象棋游戏的刻苦研究来填补。为精神分析治疗的实践所制定的规则也受到类似的限制。

在下文中,我将努力收集一些关于开始治疗的规则,供执业的分析师使用。其中有些可能看起来很琐碎的细节,事实上也是如此。对此的合理解释是,它们只是游戏规则,它们的重要性来自它们与游戏总体规划的关系。然而,我认为比较明智的是称这些规则为"建议",而不是要求对它们进行无条件的接受。相关心理情意丛异乎寻常的多样性、所有心理过程的可塑性和决定因素的丰富性都反对任何技术的机械化;他们带来的结果是,一个作为规则来说是合理的行动步骤有时可能会被证明是无效的,而一个通常是错误的行动步骤可能偶尔会导向预期的结果。然而,这些情况并不妨碍我们为医生制定一个一般来说有效的程序。

---

[1] 仅在第一版中出现了以下脚注:这是发表在《精神分析工作文摘》(*Zentralblatt für Psychoanalyse*) 上的一系列论文的续篇,本文发表于杂志第 2 期。[另有三篇:《对梦的处理——在精神分析中诠释》(*The Handling of Dream-Interpretation in Psycho-Analysis*)、《移情的动力学》(*The Dynamics of Transference*) 和《给实践精神分析的医生的建议》(*Recommendations to Physicians Practising Psycho-Analysis*),分别发表于该杂志的第 3、4、9 期。]

几年前，我列出了选择患者时最重要的适应证❶，因此我在此就不再重复了。与此同时，它们也得到了其他精神分析师的认可。但我可能要补充一下，从那时起我养成了一种习惯，当我对患者知之甚少的时候，我只会在一开始暂时地接受他进行一到两周的治疗。如果在此期间中断治疗，就不会给患者留下治疗失败的痛苦印象。这只是进行一个"探测"，目的是了解个案的情况，并决定这个个案是否适合精神分析。除这个步骤外，并没有其他的预备检查；而在普通咨询中最详尽的讨论和提问是无可替代的。然而，这个初步试验本身就是精神分析的开始，而且必须符合精神分析的规则。也许可以做这样的区分，在治疗中几乎全部都是让患者来说，分析师除了绝对必要的解释外不做其他任何解释，从而让患者继续说下去。

以持续一至两周的此类试验期开始治疗也有诊断方面的原因。通常情况下，当分析师面见一个具有癔症或强迫症状的神经官能症（neurosis）患者，其症状并不特别明显，也不是存在很长时间时——分析师会认为就这种案例的类型而言是适合治疗的——必须考虑的可能性是，这也许是被称为早发性痴呆（dementia praecox）的初期阶段［用 Bleuler 的术语是"精神分裂症"（schizophrenia）；如我提议的，称之为"妄想痴呆"（paraphrenia）］，而且，它迟早会显示出那种疾患的清晰图像。我认为做出区分并不总是一件十分容易的事。我知道有些精神科医生在鉴别诊断时较少犹豫，但我确信他们也经常犯错误。此外，犯错误的重要性对精神分析师而言，比对临床精神科医师要大得多，正如其称谓所展现的。因为后者并不想做任何在将来有用的事情，不管它是什么情况。他只是冒着犯理论上的错误的风险，他的诊断只不过是学术上的兴趣而已。然而，精神分析师所关注的是，如果个案是不适宜的，他就犯了实践上的错误；他对徒劳无功的消耗负有责任，也会使他的治疗方法失去信誉。如果患者并非罹患癔症或强迫性神经症，而是妄想痴呆，分析师就无法履行治病的承诺，因此，分析师也会有特别强烈的避免诊断错误的动机。在几周的试验性治疗中，分析师经常会观察到可疑的迹象，这些迹象可能会使他决定不再继续这种尝试。不幸的是，我不能断言这种尝

---

❶ 《论心理治疗》（*On Psychotherapy*）（Freud, 1905a）。

试总是能让我们做出某个决定；这只是一个明智的预防措施❶。

　　分析性治疗开始前详尽的初步讨论、以前通过另一种方法进行的治疗、之前的医生和即将被分析的患者之间的了解，都会产生特别不利的后果，分析师对这些必须有所准备。它们导致患者以一种已经确立的移情态度与医生见面，而对医生来说，最重要的一定是慢慢地揭开这种态度，而不是从一开始就有机会观察移情的生长和发展。通过这种方式，患者在我们身上获得了暂时的开始，而我们并不愿意在治疗中给予他这个开始。

　　我们必须对所有在开始前想要推迟治疗的潜在患者持怀疑的态度。经验表明，当到了商定的会面时间，他们也不会露面，即使他们拖延的动机——他们对自己意图的合理化——在外行看来是无可怀疑的。

　　当分析师与他的新患者或他们的家人是朋友或彼此有社会关系时，特别的困难就出现了。被要求给朋友的妻子或孩子进行治疗的精神分析师必须做好心理准备，无论治疗的结果如何，他必须为此付出友谊的代价；然而，如果他不能找到值得信赖的替代者，他就必须做出牺牲。

　　无论是普通公众还是医生——仍然准备将精神分析与暗示疗法混为一谈——都倾向于高度重视患者对新的治疗的期望。一种情况是，他们经常相信，因为患者对精神分析有很大的信心，并完全相信它的真实性和功效，他不会带来太多麻烦；而在另一种情况下，他们认为患者无疑被证明是更难治的，因为他持一个怀疑的态度，并且不会相信任何事情，直到他自己亲身经历了成功的结果。然而，患者的这种态度实际上并不重要。相较于使神经症牢牢在那里的内在阻抗，患者最初的信任或不信任几乎可以忽略。的确，患者合适的信任使我们与他的早期关系非常愉快；我们为此感谢他，但我们也警告他，分析中出现的第一个困难将粉碎他的前景乐观的先入观念。对怀疑论者，我们说，分析不需要信仰，他可以按他喜欢的方式去批评和怀疑，而

---

❶ 关于这种诊断上的不确定性、关于成功分析轻型妄想痴呆的前景、关于这两种障碍之间具有相似性的原因，有很多值得说的。但我不能在当下语境中详述这些主题。我跟随 Jung 一起将癔症和强迫性神经症作为移情神经症，将妄想痴呆疾患作为"内向性神经症"（introversion neuroses），对这两者进行对比，如果这样的用法不会使［力比多（libido）］"内向"这个概念失去唯一合法含义的话，我应该很高兴。

且我们根本不认为他的态度是他的判断的结果，因为他不能够对这些问题做出一个可靠的判断；他的不信任只是一种症状，就像他的其他症状一样，只要他认真地执行治疗规则对他的要求，这就不会是一种干扰。

任何熟悉神经症本质的人听到下面的话都不会感到惊讶：即使是一个非常有能力对他人进行分析的人，一旦他自己成为分析性探索的对象，他也可能表现得像任何其他凡人一样，并且能够产生最强烈的阻抗。当这种情况发生时，我们又一次被提醒心灵的深度维度，我们毫不惊讶地发现，神经症的根源在于精神层面，而理性的分析知识还没有渗透到这一层面。

分析开始的重点是关于时间和费用的安排。

关于时间，我严格坚持租赁一定时间的原则。每个患者都被分配了我工作日中特定的一个小时；它属于他，即使他没有使用它，他也要对它负责。这种安排对上流社会的音乐或语言教师来说是理所当然的，但对一个医生来说也许显得过于严苛，甚至不配他的职业。有一种倾向指出，许多突发状况可能使患者无法在每天的同一时间段参与治疗，而且也要预期到在一个长期的分析治疗过程中可能发生许多并发疾病。但我的回答是：没有其他可行的方法。在一个不太严格的制度下，患者"偶然"缺席的情况极大地增多了，以至于医生发现他的物质生存受到威胁；而当这种安排被遵守时，结果发现突发状况的阻碍根本不会发生，而且并发疾病也很少发生。精神分析师几乎从来没有被置于这样一种境地：他享受着一段有人付钱给他的闲暇时光，而他为之感到羞耻；他会不中断地继续他的工作，并且避免令人痛苦的和困惑的体验，即发现只有当他的工作被认为是特别重要和内容丰富的时候，他才不用为治疗中断自责。没有什么比几年来精神分析严格遵循按小时计费原则的实践更能使人清楚地认识到人类日常生活中心理因素的重要性，认识到人们装病的频率，也认识到偶然性并不存在。在患者确实患有器质性疾病的情况下（毕竟，不能排除患者心理上有兴趣参加分析治疗的可能性），我中断治疗并且认为自己有权在这个变得空闲的时间段处置其他的事情，一旦患者康复就让他再回到治疗中，我会安排空缺的另一个小时给他。

除了星期日和公共假日，我每天都和我的患者一起工作，也就是说，通常每周工作六天。对于轻症或已经进展良好、处于持续治疗阶段的病例，每周三天就足够了。超过这个的任何时间上的限制规定对医生或患者都没有好处;在分析开始时,这是完全不可能的。即使是短暂的中断也会对分析工作产生轻微的隐藏影响。当我们在周日休息后再次开始工作时,我们经常开玩笑地称之为"周一硬外壳"(Monday crust)。当治疗工作的时间安排不那么频繁时,就会有无法跟上患者的现实生活节奏的风险,也会有治疗与当前失去联系并被迫进入旁路的风险。偶尔,也会遇到这样的患者,就是必须给他们超过平均每天一小时的治疗时间,因为在他们开始敞开心扉并变得健谈前,一小时的精华时间已经过去了。

患者一开始就会问医生一个不受欢迎的问题:"治疗要花多长时间?你需要多少时间来解除我的麻烦?"如果分析师已经建议了进行几周试验性治疗,那么他可以通过承诺在试验治疗结束时做出更可靠的判断来避免直接回答这个问题。我们的答案就像伊索寓言中哲学家给旅行者的答案。当旅行者问前方还有多长的路程时,哲学家只是回答"走!",后来他又解释说,他必须先知道旅行者的步幅后才能说出来他要走多久的路,基于此,他的回答显然是毫无帮助的❶。这种权宜之计有助于分析师克服最初的困难;但这种比较并不是好的比较,因为神经症患者会非常容易地改变他的步速,有时可能只取得非常缓慢的进展。事实上,关于治疗持续时间的问题几乎是无法回答的。

作为患者这一方缺乏洞察力和医生这一方不坦诚的共同结果,分析被期望能在最短的时间内满足最无限的需求。举个例子,我几天前收到一位俄罗斯女士的来信,信中提到了一些细节。她今年53岁❷,她的病是23年前开始的,在过去的10年里,她再也不能做任何连续的工作。"一些机构中对神经紧张病例的治疗"并没有让她过上"积极的生活"。她希望她在书上读到过的精神分析完全治愈她,但她的疾病已经让她的家庭花费了太多的钱,以至于她在维也纳待的时间无法超过六周或两个月。另一个叠加的困难是,她从一开始就希望只以书面形式"解释"自己的情况,因为对她的情结(complexes)的任何讨论都会导致她内心感受的爆发或"使她暂时无法说

---

❶ 为了清楚地表述,这个句子在翻译时略作了扩展。
❷ 在1925年以前的版本中,这个年龄是33岁。

话"。——没有人会指望一个人用两根手指举起一张沉重的桌子，就好像它是一把轻凳子一样；也没有人会指望一个人能在建造一个小木屋所需的时间里建造一座大房子；然而，一旦涉及神经症的问题——到目前为止，神经症似乎还未在人类的思想中占据适当的位置——即使聪明的人也会忘记，时间、工作和成功之间必定存在着一定的比例关系。顺便说一句，这是一个可以理解的结果，因为人们普遍对神经症的病因一无所知。由于这种无知，神经症被看作"来自远方的少女"（maiden from afar）❶。"没有人知道她来自哪里"，所以他们期待有一天她会消失。

医生们支持这些美好的希望。即使是其中的知情人也经常无法正确估计精神紊乱疾病的严重程度。我的一位朋友兼同事曾给我写信说："我们需要的是一种对强迫性神经症的短期、方便的门诊治疗。"我认为，在对其他原理进行了几十年的科学研究之后，他转而相信了精神分析的优点，这十分值得赞扬。我不能提供给他（这样的门诊治疗），并感到羞愧；所以我试着辩解说，如果能有一种结合了这些优点的针对结核病或癌症的治疗方法的话，内科专家大概也会很高兴。

更坦率地说，精神分析总是需要很长一段时间，半年或整整几年——比患者预期的时间更长。因此，在患者最终决定接受治疗之前，我们有责任将此告知患者。我认为，总体上更体面也更权宜的方式是在最开始时提请他注意（不是想把他吓跑）分析治疗涉及的困难和损失，以这种方式剥夺了他以后说他被诱骗进入一种他自己都没有意识到有多困难的治疗的任何权利。一个被这些信息劝阻了的患者在以后的任何情况下都会显示是不适合接受分析治疗的。在治疗开始前进行此类选择是一件好事。随着患者理解力的提高，成功满足这个初始选择测试的人数也在增加。

我不强迫患者继续他的治疗达一定时间；我允许每一个人在他喜欢的时候中止治疗。但我不会对他隐瞒：如果只做了少量的工作就停止治疗，它是不会成功的，而且可能很容易就像一台未完成的手术一样，使他处于一个不令人满意的状态。在我的精神分析实践的早期，我曾面临的最大困难是说

---

❶ 引自 Schiller 的诗《从外地来的姑娘》（*Das Mädchen aus der Fremde*）。

我的患者继续他们的分析。这个困难很久以前就已经转变了，现在我得费很大的劲说服他们放弃治疗。

缩短分析治疗时长是一个无可非议的愿望，正如我们应该了解的，目前我们正沿着各个路线努力实现这一目标。不幸的是，有一个非常重要的因素是与之对立的，即大脑深层变化的完成速度很慢——毫无疑问，作为最后的手段，我们的潜意识过程"不受时间影响"❶。当患者面临"分析需要花费大量时间"这个困难时，他们往往会设法提出解决办法。他们将自己的疾病分为两类，并描述一类是无法忍受的，另一类是继发性的，然后他们说："要是你能帮我摆脱这一个问题（比如头疼或一个特定的恐惧），我就能在日常生活中处理另一个问题了。"然而，在这样做的时候，他们高估了分析的选择性力量。分析师当然能够做许多事情，但他无法事先准确地确定他将引起什么样的结果。他启动了一个过程，即解决现存的潜抑的过程。他可以监督这个过程，推进它，消除过程中的障碍，毫无疑问，他也可以破坏它的大部分。但总的来说，这个过程一旦开始，它就走自己的路，既不允许规定它选择的方向，也不允许规定它取点的顺序。因此，分析师对疾病症状的控制能力可以与男性的性能力相比较。一个男人可以产生一个健全的孩子，这是真的，但即使是最强壮的男人也不能在女性机体中单独创造出一个头、一条胳膊或一条腿，他甚至不能规定孩子的性别。他也只是启动了一个高度复杂的过程，这个过程由遥远的过去事件决定，结束于孩子与母亲的分离。神经症也具有有机体的特征。它的组成表现形式不是相互独立的；他们既互相制约，也互相支持。一个人只罹患一种神经症，而不是偶然聚集在一个人身上的多种神经症。按照他的意愿，从一种难以忍受的症状中解脱出来的患者可能很容易发现，以前可以忽略的症状现在严重了，变得难以忍受了。分析师希望治疗的成功尽可能少地归功于其暗示的因素（即归功于移情），即使一些痕迹只是选择性地影响治疗结果，他也会很好地避免使用它们，哪怕这些痕迹对他是敞开的。对他来说，最受欢迎的患者是那些要求他在可实现范围内让他们完全康复的人，以及那些把康复过程所需要的时间交给他支配的人。当然，只有在少数个案中才能找到这样的有利条件。

---

❶ 参见《论潜意识》（*The Unconscious*）（Freud，1915e）（标准版）。

治疗开始时必须决定的下一个关键点是钱的问题，即给医生的付费问题。分析师并不质疑金钱首先被视为自我保存和获取权力的媒介；但是他坚持认为，除此之外，强大的性的因素也涉及对它进行设定的价值。他可以指出，文明人对待金钱问题的方式与对待性问题的方式是一样的——带着相同的矛盾、拘谨和虚伪。因此，分析师从一开始就下决心不陷入这种态度，而是在他与他的患者们打交道时，以不言而喻的坦率态度对待金钱问题，就像他希望在有关性生活的问题上教育他们一样。他向他们展示出，通过以自由的意志告诉他们他的时间所值的价格，他自己已经摆脱了对这些话题的虚假的羞耻。此外，通常的判断力告诫他不要积存大笔的钱，而是要求患者以相对短期的规律间隔进行付费——也许是每月一次。（一个众所周知的事实是，即使治疗的收费很低，在患者眼中治疗的价值也不会提高。）这当然不是我们欧洲社会中神经科专家或其他内科医生的通常做法。但是精神分析师可能会把自己放在一个外科医生的位置上，外科医生是坦率且昂贵的，因为他有由他自行支配的、有效的治疗方法。在我看来，承认自己的实际要求和需求，而不是像内科医生常做的那样扮演无私的慈善家的角色，似乎更受人尊敬，在伦理上也较少引发异议——事实上，一个人是无法成功地扮演无私的慈善家的，其结果是医生暗自愤愤不平或大声抱怨患者表现出的不体谅和剥削欲望。在确定费用时，分析师还必须考虑到这样一个事实，即尽管他可能工作很努力，但他永远也不可能挣得像其他医疗专家一样多。

出于同样的原因，他也应该避免提供免费的治疗，并且对于他的同事或他们的家人，也不能有任何例外。最后一条建议似乎违反了职业的便利性。然而，我们必须记住，免费治疗对一个精神分析师所意味的比对任何其他医务人员所意味的都要多；这意味着在几个月的时间里，他要牺牲相当大的一部分——也许是八分之一或七分之一——他用来谋生的工作时间。如果他同时还进行第二个免费治疗，这就剥夺了他四分之一或三分之一的赚钱能力，这相当于一次严重事故造成的损害。

于是问题就出现了，患者获得的好处并不会在一定程度上抵消医生做出的牺牲。我可以大胆地形成一个判断，因为近十年来我每天留出一个小时，有时两个小时，进行免费治疗，因为我想要找到对神经症工作的方式，在尽可能少的阻抗下工作。我通过这种方式寻求的好处并没有出现。免费治疗极大地增强了一些神经症患者的阻抗——例如，在年轻女性中，这是她们移情关系中固有的诱惑，在年轻男性中，这是他们对感恩义务的反抗，这种反抗源于他们的父亲情结，并且这呈现了妨碍接受医疗帮助最麻烦的因素之一。缺少由向医生付费所提供的调节作用让人感到非常痛苦；整个关系被从现实世界中移除，患者被剥夺了一个努力实现治疗结束的目标的强烈动机。

一个人可能并不持有禁欲主义的观点，即把金钱视作一种诅咒，但遗憾的是，无论是出于外在的还是内在的原因，穷人几乎是无法获得分析治疗的。这一点几乎无法补救。人们普遍认为，那些被迫过着艰苦生活的人不太容易患神经症，这或许是有道理的。但经验表明，毫无疑问，一个穷人一旦得了神经症，他就很难让人把它从他身上夺走。这对他在生存斗争中太有帮助了；来自疾病的继发性获益❶（secondary gain）太重要了。他现在凭着他的神经症要求世人对他物质上的贫乏给予怜悯，他现在可以免除自己通过工作来消除贫困的义务。因此，任何试图通过心理治疗来处理穷人的神经症的人通常会发现，此处他需要的是一种非常不同的实用疗法——根据我们本地的传统，这种疗法过去是由奥地利皇帝约瑟夫二世（Emperor Joseph Ⅱ）命令施行的。自然，偶尔也会遇到应该得到帮助的人，他们并非出于自身的过错而无助，在他们身上，不付费的治疗不会面临我提到的任何障碍，而且在他们身上，这种治疗会带来极好的结果。

就中产阶级而言，精神分析涉及的花费仅在表面上是过高的。当我们将持续支出的疗养院费用和医疗费用相加，并将它们与成功完成分析后效率和收入能力的提高进行对比时，我们有权说患者做了一笔很好的买卖，更何况恢复健康和效率与适度的财务支出是无法进行比较的。生活中没有什么比疾病（还有愚蠢）更昂贵了。

在我结束这些关于开始分析治疗的评论之前，我必须说一句关于某种仪式的话，它涉及治疗实施时分析师和患者的位置。我坚持让患者躺在沙发

---

❶ "来自疾病的继发性获益"这个观点出现在关于癔症发作论文的 B 部分（Freud, 1909a），尽管这个短语在这里似乎是第一次使用。更详细的讨论请参见 Freud 于 1923 年所写的对 Dora 病史（Freud, 1905e）的补充脚注。

上，而我坐在他身后，在他的视线之外。这种安排有历史依据；这是催眠方法的残余，精神分析就是从这种方法中进化出来的。但这值得被保持下去，原因有很多。第一个原因是个人的动机，但其他人可能也会有和我一样的动机。我无法忍受每天被别人盯着看八个小时（或更长的时间）。因为，当我倾听患者时，我也让我自己沉浸在潜意识的想法中，我不希望我的面部表情提供给患者诠释的材料或影响他对我说的话。患者通常认为被要求采用这种姿势是一件困难的事，并反抗采用这种姿势，尤其如果看的本能——窥视癖（scopophilia）——在他的神经症中起着重要的作用。然而，我坚持这个程式，因为它的目的和结果是防止移情与患者的联想发生觉察不到的混合，使移情分离开来，而且让它在适当的时候出现并被明确定义为一种阻抗。我知道许多分析师以不同的方式工作，但我不知道这种偏差更多是因为他们渴望以不同的方式做事，还是因为他们发现自己从中获得了某些好处（参见下文）。

治疗的条件已经以这种方式被规定下来，那么问题就是：从什么时候以及用什么材料开始治疗？

"用什么材料开始治疗"在总体上是一个无关紧要的问题——无论是患者的生活史、疾病史还是童年回忆。但无论如何，必须让患者自己来说，并自由选择从何开始。因此我们对他说："在我能对你说些什么之前，我必须对你有很多了解；请告诉我有关你自己的一些东西。"

对此的唯一例外是关于患者必须遵守的精神分析技术的基本规则。分析师必须在一开始就将此规则告诉他："在你开始之前还有一件事。你告诉我一些东西，这一定在一个方面不同于通常的谈话。在通常的谈话中，你会试图在你的话语中保持一条连贯的思路，你会排除任何你可能想到的干扰性想法和任何枝节问题，以免偏离主题太远。但在现在这种情况下，你必须采取不同的做法。你会注意到，当你联想事物的时候，各种各样的想法会出现在你的脑海中，而因为某些批评和反对，你会想把这些想法放在一边。你会试图对自己说，这个或那个与这里是不相关的，或完全不重要的，或荒谬的，所以没有必要说出来。你绝不能屈服于这些批评，而是必须不顾批评把这些想法说出来——事实上，正是因为你讨厌这样做，你才必须说出来。以后你会发现并知悉、理解这个强制令的原因，这是你唯一需要遵守的强制令。所以，你脑海中闪过什么就说什么。就好像，你是一个旅行者，坐在一节车厢的窗户旁边，向车厢里的某个人描述你看到的外面不断变化的景色。最后，永远不要忘记你已经承诺过要绝对诚实，永远不要因为出于某种原因感觉说出来会让人不高兴而遗漏任何东西。"❶

可以把患病日期确定到某个特定时刻的患者通常会把注意力集中在疾病的诱发因素上。另一些患者认识到自己的神经症和他们的童年之间有联系，他们通常会从叙述他们的整个生活史开始。不应期望患者会给出系统的叙述，也不应采取任何措施来鼓励这种叙述。故事的每一个细节以后都会被重新讲一遍，只有通过这些重复，额外的材料才会出现，这些材料将提供一些患者所不知道的重要联系。

有些患者从最初的几个小时开始就认真准备他们要交流的内容，表面上是为了确保更好地利用花在治疗上的时间。阻抗以这种方式将自己伪装成了渴望治疗。任何这类准备都不应该被推荐，因为它只是被用来防止不受欢迎的想法突然出现❷。患者可能真的相信他的良好意图，然而，阻抗将在这种

---

❶ 关于我们使用精神分析基本规则的体验，我们可以说很多。人们偶尔会遇到这样的人，他们表现得好像是他们为自己制定了这条规则。另一些人从一开始就违反这条规则。在治疗的第一阶段就定下规则是不可或缺的，也是有利的。后来，在阻抗的支配下，对它的服从减弱了，在每一个分析中都会出现患者忽视它的时候。我们必须从自己的自我分析中记住，批判性的评判会为拒绝某些想法找到借口，而屈服于这些借口是不可抗拒的诱惑。当患者第一次想到关于第三人的私密事情时，经常就会证实分析师与患者在制定基本规则时达成的协议的影响是多么的小。他知道自己应该什么都说，但他把谨慎对待他人变成了一个新的障碍。"我真的必须什么都说吗？我认为这只适用于与我自己有关的事情。"如果将患者与他人的关系以及他对他人的想法排除在外，自然不可能进行分析。要做煎蛋卷，你必须打碎鸡蛋。（*Pour faire une omelette il faut casser des oeufs.*）一个正直的人欣然忘掉陌生人的私事，因为对他来说知道这些似乎并不重要。即使在他知道这些人的名字的情况下，也没有例外。要么就是，患者的叙述会变得有点模糊，就像 Goethe 的戏剧《自然之女》（*Die natürliche Tochter*，英文为 The Natural Daughter）中的场景一样，不会留在医生的记忆中。此外，被隐瞒的名字屏蔽了通往各种重要联系的途径。但是，在患者对医生和分析过程变得更加熟悉之前，可能会允许将名字留在一边。非常值得注意的是，如果在任何单个的领域都允许保有"自留地"，那么整个任务就变得不可能完成。但我们只需要思考一下，如果避难权存在于一个城镇的任何一个地点，那么会发生什么；要过多久镇上的乌合之众才会聚集到那里？我曾经治疗过一位高级官员，他的就职誓言规定不能透露某些事情，因为这些事情属于国家机密，这种限制的结果是分析失败了。精神分析治疗必须把任何考虑因素都置之度外，因为神经症及其阻抗本身就是与这些考虑因素无关的。

❷ 只有家庭关系、居住时间和地点、手术等数据可以例外。

深思熟虑的准备方法中发挥作用，必将使最有价值的材料从交流中逃脱。分析师很快会发现，患者想出了其他方式，通过这些方式，患者就可以在治疗中隐瞒一些东西。他可能每天都和某个亲近的朋友谈论治疗，并把所有应该在医生面前说的想法都带入与朋友的讨论中。因此，治疗会有一个漏洞，而这个漏洞恰恰让最有价值的东西漏过去了。当这种情况发生时，必须立即建议患者将他的分析作为自己和医生之间的事，并不让其他任何人知道这件事，无论他们与他有多亲近或对治疗有多好奇。在治疗的后期，患者通常不会遭受这类诱惑。

某些患者希望对他们的治疗保密，通常是因为他们对自己的神经症秘而不宣；在这方面，我不设任何障碍。因此，外界对一些最成功的治疗方法闻所未闻，当然也就无从考虑采用这种治疗方法。很明显，患者想要保密的决定已经揭示了他秘密病史的一个特征。

在治疗开始时我们建议患者尽可能少地告诉他人有关治疗的事情，这也在一定程度上保护他免受许多试图诱使他放弃分析的不利影响。在治疗开始时，这种影响可能是非常有害的；之后，它们通常是无关紧要的，或者甚至有助于将被试图隐藏起来的阻抗展现出来。

如果在分析过程中，患者临时需要一些其他的医学或专科治疗，那么更明智的做法是请一位使用非分析性治疗方法的同事来治疗，而不是分析师自己给这个患者进行其他的治疗❶。给具有严重器质性病变基础的神经症患者进行联合治疗几乎总是行不通的。一旦患者看到有望引导他走向健康的路径不止一条，他们就会撤回对精神分析的兴趣。最好的方案是推迟器质性的治疗，直到心理治疗结束；如果先尝试前者，在大多数情况下都不会成功。

回到治疗的开始这个话题。偶尔会遇到这样的患者，他们在开始治疗时让我们确信他们想不出有什么可说的，尽管他们的生活史和疾病史的所有方面都是他们可以选择的内容❷。他们要求我们告诉他们该谈些什么，这样的要求在第一次被提出时就绝不能批准，以后的任何一次也都一样。我们必须

---

❶ 将此与《癔症研究》（*Studies on Hysteria*）（Freud, 1895d）中所描述的他对最早的病例的亲身经历进行比较，例如标准版第 2 卷中第 50 和 138 页。

❷ 这个技术问题已经被 Freud 在他的《癔症研究》（标准版）的最后几页中讨论过了。

牢记这里涉及的内容。一股强大的阻抗力量已经来到前线，以保卫神经官能症；我们必须立即接受挑战，并认真应对它。费力地、反复地向患者保证，他不可能一开始就没有任何想法，问题在于他对分析的阻抗，这些保证很快迫使患者像意料中那样承认了这一点或迫使他揭开他的第一个心理情结。如果他不得不坦白说，在听分析的基本规则时，他在心理上是有所保留的，即他无论如何还是会保留这个或那个，不把它说出来，那么这是一个不好的迹象；如果他不得不告诉我们的只是他对分析有多不信任，或他听到的关于分析的可怕的事情，那就没那么严重了。当这些可能性摆在他面前时，如果他否认这些可能性和类似的可能性，那么他会被我们的坚持驱使，去承认他忽略了某些占据他头脑的想法。他想到了治疗本身，尽管他对此还不明确，或者他全神贯注于他所在房间中的图片，或者他禁不住地想着诊室里的物品，以及想着他正躺在这里的沙发上这个事实——他已经把所有这些用"没什么"这个词代替了。这些征象是很容易理解的：与目前情况有关的一切都代表着对医生的一种移情；这被证明是适合被用作最先的阻抗的❶。因此，我们有义务从揭示这种移情开始；并且自它而来的路径将让我们快速接近患者的致病材料。受到过去经历中事件影响而准备好屈服于性攻击的女性和具有被强烈潜抑的同性恋想法的男性最倾向于隐瞒他们在分析开始时想到的想法。

患者的第一个症状或偶然行为，就像他最初的阻抗一样，可能具有特殊的利害关系，并可能暴露出支配其神经症的心理情结。一个聪明的、有着细腻的美学感受性的年轻哲学家，在他躺下开始第一个小时的分析前，他会先赶紧把他的裤子的折痕弄直；他正在显示自己是一个最高雅的前嗜粪癖者——这是后来的唯美主义者所期望的。一个年轻的女孩在同样的特定时刻会匆忙把裙子下摆拉下来遮住她露出来的脚踝；在这样做的过程中，她给出了她的分析随后将揭示的要点：她自恋地骄傲于自己的美貌以及她的裸露癖倾向。

---

❶ 参考《移情的动力学》（*The Dynamics of Transference*）第 101 页。在《群体心理学》（*Group Psychology*）（Freud，1921c）第十章的一个脚注中，Freud 提请读者注意这种情况和某些催眠技巧之间的相似性。

特别多的患者反对让他们躺下（而医生却坐在他们身后看不见的地方）的要求❶。他们要求以其他姿势接受治疗，在很大程度上是因为他们焦虑于看不到医生。然而，在实际的"一节治疗"开始之前，或者在分析师表示一节治疗已经结束并且患者也已经从沙发上站起来之后，对于患者还要设法说几句话，分析师是没法阻止他们的，虽然分析师通常是拒绝许可患者这样做的。他们以这种方式将治疗划分为他们眼中的一个正式的部分和一个非正式的、"友好的"部分，在正式的部分中，他们大多表现得非常拘谨，在非正式的、"友好的"部分中，他们说话非常随意，并且说到各种事情，他们自己并不把这些事情看作治疗的一部分。医生不会长时间接受这种划分。他注意到患者在一节治疗前或一节治疗后所说的话，并一有机会就将此提出来，从而将患者试图竖起的隔板拉下来。再一次说明，这种隔板是从移情-阻抗的材料中组合起来的。

只要患者的交流和想法在没有任何障碍地运行着，就不要去触及移情的主题。分析师必须等待，直到移情变成一种阻抗，这是所有程序中最微妙的部分。

我们面临的下一个问题是一个原则问题。这个问题是：我们什么时候开始与患者交流？什么时候向他揭示出现在他头脑中的想法的隐含意义？什么时候向他提出分析的假设和技术程序？

这个问题的答案只能是：直到在患者内心已经建立了有效的移情，即（医生）与他之间形成了适当的融洽关系（rapport）时。治疗的首要目的仍然是将他与治疗、医生本人联系在一起。为了确保这一点，我们不需要做什么，除了给他时间。如果分析师对他展现出极大的兴趣，小心地清除开始时出现的阻抗，并且避免犯某些错误，患者自己会对医生形成一种依恋，把医生和他所习惯的那个充满关爱地对待他的一个形象联系起来。如果分析师从一开始就采取除了有同情心的理解之外的任何立场，比如道德说教的立场，或者如果分析师表现得像争执中某一方的代表或拥护者，比如夫妇中的另

---

❶ 呼应前文。

方，那么他当然可能会失去这第一次的成功❶。

　　这个回答当然涉及对上述任何一种行为的谴责，这些行为会导致我们在猜测的情况下就对患者的症状进行翻译，或者甚至会导致我们认为在第一次访谈时就把这些"对症状的解读"扔在患者面前是一种特殊的胜利。对于一个技能娴熟的分析师来说，在患者的抱怨和病史的字里行间清楚地读出患者的秘密愿望并不困难；但是，任何一个人，如果在刚刚相识时就告诉一个完全不了解任何分析原理的陌生人，他是通过乱伦的联结喜爱他的母亲的，他怀有想要他所爱的妻子死掉的愿望，他隐瞒了背叛他的上司的意图，等等，那么，这个人是多么自满和轻率啊❷！我听说有些分析师会对这些"闪电诊断"和"快速"治疗夸夸其谈，但我必须警告所有人不要仿效这些例子。无论分析师的猜测正确与否，这种行为会使分析师自己和治疗在患者眼中完全失去信誉，并且将激起患者最激烈的反对；事实上，猜测得越正确，阻抗就越激烈。一般来说，治疗性的作用为零；但是最终的结果是患者打消了进行分析的念头。即使在分析的后期阶段，分析师也必须小心不要给患者解读他的症状或翻译他的愿望，直到他已经非常接近，只需要再走一小步就能自己获得解释。在过去的几年里，我经常有机会发现，过早地交流对症状的解读会导致治疗过早结束，这不仅是因为它突然唤醒了阻抗，而且还因为解读所带来的症状的减轻。

　　但此时会有人提出反对。那么，我们的任务是延长治疗时间，而不是尽快结束治疗吗？患者的病痛难道不是由于他缺少了解和理解，尽可能快地启发他——医生一旦自己知道了就给予解释，难道不是医生的义务吗？对这个问题的回答需要引入一个简短的题外话，这个题外话是关于了解的意义和分析中的治愈机制。

　　的确，在分析技术的早期发展阶段，我们对形势采取了一种理智主义的观点。我们高度重视患者对遗忘内容的了解，在这方面，我们几乎没有把我

---

❶ 仅在第一版中，这句话的前半部分是这样的："如果分析师表现得像与患者产生冲突的某一方的代表或辩护人，例如他与父母冲突中的一方，或产生冲突的夫妇中的另一方。"

❷ 论文《野蛮的精神分析》（"Wild" Psycho-Analysis）（Freud, 1910k）中已经给出详细的例子。

们对它的了解与患者对它的了解区分开来。我们认为，如果我们能够由其他来源——例如，从父母或护理人员或引发创伤的人那里——获得关于被遗忘的童年创伤的信息，这是一种特殊的幸运，因为在某些情况下这是可能的；我们着急地向患者传达信息和证明其正确性的证据，在某种程度上，期望迅速结束神经症和治疗。当预期的成功没有到来时，这是极度让人失望的。患者现在知道了自己的创伤经历，但他怎么可能仍表现得好像他并没有知道得比之前多？事实上，向他讲述和描述他的被潜抑的创伤甚至并没有导致任何回忆进入他的脑海。

在一个特殊的案例中，一个患有癔症的女孩的母亲向我吐露了她的同性恋经历，这极大地促成了女孩癔症发作的固着（fixation）。母亲自己也对这一幕感到惊讶；但是患者已经完全遗忘了它，尽管这发生在她已经接近青春期的时候。我现在能够进行非常有启发性的观察。每次我向那个女孩重复她母亲的故事时，她都会出现癔症发作的反应，之后她会又一次忘记这个故事。毫无疑问，患者表现出了对强加给她的了解的强烈阻抗。最后，她假装弱智和完全失忆，以保护自己不受我告诉她的事情的伤害。在这之后，我们别无选择，只能停止将知道这个事实本身当作重点，而将重点放在阻抗上，这个阻抗在过去导致了"不知道"的状态且现在仍准备捍卫该状态。意识上的了解，即使随后没有被再次驱除出去，也无力抵抗这些阻抗❶。

患者能够将意识上的知道与不知道结合起来的奇怪行为，仍然无法用所谓的正常心理学来解释。但是对于承认存在潜意识的精神分析来说，这并不困难。此外，我们所描述的现象为从地形学的分化角度来研究心理过程的观点提供了一些最好的支持。患者现在知道了在他们的意识想法中有被潜抑的经历，被潜抑的回忆以某种方式被包含在某个地方，但这种意识想法与这个地方之间缺乏任何联系。在意识的思想过程渗透到那个地方并克服在那里的潜抑阻抗之前，任何改变都是不可能的。这就好像司法部颁布了一项法令，以便以某种宽容的方式处理少年犯罪。只要这一法令还没有被地方法官了解，或者他们不打算遵守它且更愿意按照自己的想法执行审判，那么在对待

---

❶ 在 Breuer 时期，Freud 对这一问题持有截然不同的观点，在《癔症研究》中，他给出了一个类似的案例，清楚地表明了这一点。

特定的年轻违法者方面就不会发生任何变化。然而，为完全准确起见，还应该补充的是，把被潜抑的材料传达到患者的意识并非没有效果。它不会产生所期望的终止症状的结果；但它也有其他的结果。起初，它会激发阻抗，但当这些阻抗被克服后，它会建立一个思维过程，在这个过程中，所期望的潜意识回忆的影响最终会发生❶。

现在是时候让我们来调查一下这种治疗所引起的各种力量的作用了。治疗的原动力是患者的痛苦和由此产生的被治愈的愿望。这个动力的强度被各种因素削弱了，直到分析工作进行时这些因素才被发现，但是，最重要的是，通过我们所称的"继发性获益"❷；它一定会持续到治疗结束。每一个进步都会导致它的减少。然而，仅凭这种动力本身并不足以摆脱疾病，因为它存在两个方面的不足：这个动力本身不知道该走哪条路才能达到这个目的；并且它不具备对抗阻抗所必需的能量配额。分析治疗有助于弥补这两个方面的不足：通过移动为移情准备的能量，它提供了克服阻抗所需的大量能量；并且，通过在正确的时间给患者提供信息，它向他展示了他应该引导那些能量沿着怎样的路径移动。通常，移情本身就能消除疾病的症状，但只持续一段时间——与移情本身持续的时间一样长。在这种情况下，治疗是一种通过暗示的治疗，根本不是精神分析。只有当移情的强度足以被用来克服阻抗时，它才配得上精神分析这个名字。只有到那时，处于生病状态才变得不可能，即使移情再次被消解——这是移情注定的结局。

在治疗的过程中，又产生了另一个有益的因素。就是患者理智上的兴趣和理解。但是，相较于斗争中的其他力量，单就这一因素是很难被纳入考虑的；因为它总是处于失去其价值的危险之中，这是由阻抗带来的判断的模糊所导致的。因此，患者感激从分析师那里获得新的力量来源，这些力量来源可以简化为（通过和他的交流实现的）移情和指导。然而，患者只有在被移情诱导时才会去利用指导；因此，我们的第一次交流应该要有所保留，直到

---

❶ Freud 已经在《小汉斯》(*Little Hans*)（1909b）的案例中讨论了潜意识和意识概念之间的区别，他在他关于野蛮分析的论文（1910k）中，含蓄地再次提到了它。在他的超心理学论文《论潜意识》的第二节和第七节中，他指出了目前工作的困难和不足之处，文中他对这一区别提出了更深入的解释。

❷ 见前文脚注。

一个强烈的移情被建立起来。关于这一点，我们可以补充说，这适用于以后的每一次交流。在每一个个案中，我们都必须等待，直到由于移情-阻抗不断出现而产生的对移情的干扰已经被消除❶。

---

❶ 关于精神分析治愈机制的整个问题，特别是移情的问题，在《精神分析引论》（*Introductory Lectures*）（1916-1917）的第二十七讲和第二十八讲中有更详细的讨论。《抑制、症状和焦虑》（*Inhibitions, Symptoms and Anxiety*）（Freud, 1926d）第六章中对实施"精神分析的基本规则"的困难做了一些有趣的评论。

第二部分

关于《论开始治疗》的讨论

"论开始治疗"：一个当代的观点

西奥多·雅各布斯（Theodore Jacobs）❶

像 Freud 的其他关于技术的论文一样，他在 1913 年发表的论开始精神分析的文章对后来的几代精神分析师们有着持久的影响。尽管他煞费苦心地表明，他所制定的戒律并不是需要盲目遵循的规则，而是在个别情况下可能需要修改或完全免除的建议，但他陈述自己立场的权威方式，加上他作为精神分析之父和我们领域的终极知识之源的角色，使他的追随者们恰恰以他告诫不要用的方式来看待他的建议。也就是说，作为技术规则，它定义了执业者在开始一个新的治疗时应采取的态度和使用的方法。

经过多年，更大量的临床经验被积累起来，许多与 Freud 关系紧密的流亡海外分析师的影响力减弱了，他的贡献才得以被评估和重新评价。当代的关于治疗开始阶段的观点重申了 Freud 的一些看法，同时增加、修改和纠正了他的其他看法。在这里，我是从以传统模式或弗洛伊德学派（Freudian）模式工作的分析师的角度来说的。作为一名在传统研究所接受培训并使用被称为现代冲突理论（modern conflict theory）的方法的分析师，我将从本质上是传统的弗洛伊德学派的观点出发来进行写作，这些观点被一些较新的发现修正，这些发现是有关反移情、活现（enactments）、非语言行为以及精神分析情境的互动维度的影响的。

---

❶ Theodore Jacobs 是阿尔伯特·爱因斯坦医学院（Albert Einstein College of Medicine）的临床教授，纽约精神分析研究所（New York Psychoanalytic Institute）和精神分析教育研究所（Institute for Psychoanalytic Education）的培训分析师和督导分析师，也是儿童精神分析协会（Association for Child Psychoanalysis）的前任主席。他著有《自体的使用：分析情境中的反移情和交流》（*The Use of the Self*：*Countertransference and Communication in the Analytic Situation*）。

在这一篇论文中，我将依次讨论 Freud 在他的论文《论开始治疗》中讨论的主要问题，并从当代理论和实践的角度对它们进行评论。我也将对一些 Freud 没有讨论的相关问题做一些评论。

Freud 在他论文的开头强调了对新患者进行为期一周或两周的试验性分析的必要性。他说这是必要的，以便排除诸如隐蔽的精神分裂症之类的情况——Freud 经常使用术语"妄想痴呆"来表示这类面对面访谈中可能无法发觉的精神病。他说这样的试验期也可用于帮分析师评估潜在患者与分析的匹配性；也就是说，他/她是否接受并能够利用分析过程。Freud 指出，一个短期的试验性分析不会出现什么特别的问题。如果患者被证明不是合适的病例，无论患者还是分析师都没有承诺进行分析，想必患者可以毫无困难地被转介到一个不同类型的治疗。

直到最近，大多数现代的分析师都拒绝试验性分析的想法，并认为它不见得能提供有用的信息，而且可能对患者有害。他们声称，患者在试验性分析中的体验会改变和扭曲分析过程，以至于无法从这样的过程中获得有价值的信息。此外，大家普遍认为，如果一个患者被证明不适合进行分析，且试验性分析不得不停止，那么这个人可能会遭受严重的自恋打击；事实上，这个人可能会遭受相当多长期存在的损害。

近年来，一些分析师，特别是 Rothstein（1995），一直支持试验性分析的想法。Rothstein 认为，我们目前评估患者的可分析性的观念和方法存在严重缺陷，他建议大多数寻求我们帮助的人都应该接受试验性分析。因为在他看来，对于除精神病性的或精神变态的个体以外的所有人来说，分析是可获得的最佳治疗方法，我们的患者值得进行这样的试验。与他的很多同事相反，Rothstein 坚持认为，如果试验没有成功，损害也是最小的，因为患者通常可以转而接受某种形式的心理治疗，这种治疗不仅能更好地满足其需求，而且经常受到那些被证明不适合进行分析的个体的欢迎。Rothstein 在美国的影响力相当大，许多美国的分析师已经开始采纳他的观点。

Freud 接着说，之前曾接受过精神科治疗的患者不宜寻求精神分析。此外，他主张，患者最好事先不和分析师进行任何接触。虽然他没有说明这些建议的原因，但很明显，Freud 担心先前的治疗体验可能会污染移情。换句话说，先前的治疗可能会导致移情，这些移情是从先前的治疗师那里结转过来的。这将扭曲分析性移情。他还认为，患者与分析师进行事先接触是不可取的，因为这种接触可能会启动并非在分析设置中产生的移情。在他看来，只有那些在分析过程本身中发展起来的移情才能产生有价值的内省力（insight）。

大约在20世纪70年代中期之前，传统的分析师坚持这样的观点，即不宜进行事先的治疗，尤其是与即将进行治疗的分析师之间的事先治疗，因为这可能会干扰分析过程的发展。事实上，如果一个分析师的心理治疗患者有转到精神分析的指征，那么把他转到另一个分析师那里是标准的做法。学生不能将自己正在做心理治疗的患者转为分析性案例。对先前进行过心理治疗的人进行分析被认为是不可行的，因为处于心理治疗中既会破坏个人进入分析过程的能力，也会导致发展出不可分析的移情。

现今，这种情况完全反转了。大多数分析性案例都是从分析师的心理治疗实践中发展出来的。处于一位分析师的心理治疗中不再被视为日后与同一位分析师进行有效分析的障碍。事实上，在某些情况下，先前的心理治疗被视为分析的必要准备。

然而，这种转变的主要原因是过去20年来分析的受欢迎程度下降了。对大多数执业者来说，很难获得分析性案例。如今，很少有人直接寻求分析。绝大多数患者希望每周接受一节或两节治疗。在许多情况下，只有当患者接受了一段时间（有时是几年）的心理治疗之后，他才会对强度更高的治疗感兴趣，并准备好接受这种治疗。这种变化是一种世界性的现象，说明了一个事实，即它往往是一种实际的需要，是经济条件变化和社会价值观变化的结果，而不是与传统观点的根本理论差异，正是这些因素造成了分析实践的这种变化。

大多数分析师一直坚持Freud对两个方面的建议，这两个方面涉及对患者错过的治疗小节收费以及对金钱采取直接和坦率的态度。

Freud以最强烈的措辞建议他的同事们采纳他的策略，即出租给每个患者特定的一个小时，然后患者拥有这个时段。他坚持这种安排有两个理由：

保证分析师的收入，以及减少患者的阻抗——这种阻抗的表现形式是患者找到理由错过治疗小节。大多数传统分析师接受Freud的说理和他的做法，既对所有治疗小节收费，又在讨论财务问题时直接、坦率。然而，我们的少数同事认为，Freud的态度在很大程度上是专制和僵化的，没有考虑到患者的需求或情绪状况。因此，这些执业者以多种方式修改常规的安排，对错失但已被填补的预约不收费，或者如果患者对缺席给出了足够的告知则也不会被收费；或者如果患者无法将其假期与分析师的休假日期协调起来，则允许患者有几个星期的休假时间。当今世界的某些现实也导致了对Freud的策略的改变。事实上，在美国，每小时的分析费用可能是200美元或更多，这使分析师难以对因为疾病或其他不可避免的情况而不能来治疗的患者收取那么多钱。此外，某些患者感觉传统的安排非常不公平，干脆拒绝配合，他们也不会接受不愿改变这种做法的分析师的治疗。

与Freud的时代相比，现今关于治疗频率的情况有很大不同。Freud曾经建议的所有新患者需要每周会面六次现在已经不可行。有趣的是，Freud给出这个建议的原因是这种频率对于分析师能够跟上患者的真实生活情况是必要的。他没有提到保持一个通向潜意识的开放通道的需要，尽管在他提到"周一硬外壳"时暗示了这一点，当存在错失的治疗小节时，周一硬外壳就会迅速形成。

在国际层面上进行的关于治疗频率的争论是现代最有争议的话题之一。美国、英国以及其他欧洲部分地区和南美的传统分析师坚持认为，频率低于每周四次的治疗，无法以令人满意的方式进行分析。其他地方的同事，尤其是法国和南美部分地区的同事，坚持认为每周三次就足够了。直到最近，国际精神分析协会（IPA）的培训分析标准还是每周四次。为了在不同立场之间达成妥协，IPA现在认可了三种培训模式，其中之一是法国模式，允许每周三次的培训分析。

关于频率的争论一直在进行，主要不是围绕着理论问题——尽管在这一点上存在一些分歧——而是围绕着实践的问题。一些国家的经济现实使每周四次的分析几乎不可能实现，患者不会以此频率前来。因此，包括培训分析在内的分析不得不每周进行三次。尽管Freud坚持认为，在分析开始时，几乎每天一个治疗小节的频率是必要的，但他相信，在之后的时间里，或者是重启分析的话，每周三次的频率就足够了。尽管关于最佳的分析频率的争论仍在继续，但越来越多的实际问题影响了实践，因此在世界各地，每周进行三次分析的患者数量显著增加。许多有见识的同事预测，这将成为精神分析治疗的新标准。

众所周知，在 Freud 写《论开始治疗》这篇文章时，分析的平均持续时间从六个月到一年不等。目的是尽可能解除潜抑，在 Freud 看来，导致患者症状的内部条件是由潜抑造成的。只有通过解除潜抑，患者才能从他的痛苦中得到解脱，而这项任务很大程度上是通过分析阻抗（主要是分析移情阻抗）来完成的。

如今，重点不再主要放在症状上，而是放在分析性格问题以及导致它们的适应不良的妥协形式上。因此，治疗的开始阶段，对 Freud 来说是一两个月的事情，现在则是以年来衡量的。一位同事在报告一个治疗了两三年的病例时说该患者仍处于开始阶段，这并不罕见。

当前的实践与 Freud 在 1913 年的观点保持一致的地方是分析阻抗的重要性以及移情在分析工作中的核心地位。

对许多当代的分析师来说，分析在很大程度上包括对阻抗的逐步分析，尤其是对在治疗中出现的移情阻抗的分析。差异主要出现在如何以及何时处理移情的问题上。在 Freud 看来，正性移情促进患者在分析中自由地说话以及打开心扉的能力，他建议直到正性移情成为一种阻抗时才用它来进行诠释。而后，对它的诠释对继续取得进展至关重要。

现今，许多追随 Gill（1982）的引领的分析师相信，在早期诠释患者对分析师的体验是至关重要的，因为基于这些感知的阻抗经常会使患者受到抑制并会阻碍分析的过程。然而，其他的分析师认为，当下的搜寻和诠释移情的趋势扭曲了倾听过程，并造成了一种人为的、本质上是被诱导出来的对移情材料的强调。

时至今日，这一争论在许多地区仍在持续，尚未得到解决。每个分析师对这个问题的看法将决定他/她处理开始阶段的方式。那些支持 Freud 观点——被 Heinz Kohut 背书为自体心理学（Self Psychology）方法的一个组成部分——的人，将允许分析展开，只有当围绕移情感知的阻抗阻碍治疗进展时，才进行移情诠释。那些追随 Gill（1982）和 Melanie Klein（1952）的分析师会在早期聚焦于移情问题并诠释患者对分析师的看法和反应。到目前为止，还没有确凿的证据证明这些方法中的一种比另一种更有效以及产生了更好的结果。

Freud 在他 1913 年的论文中着重强调自由联想的价值，并强调使用躺椅有助于促进这一过程。他还明确表示，患者需要得到指导，不仅要说出脑海中出现的一切，而且要非常明确地避免隐瞒任何想法的诱惑，无论这些想法是多么令人痛苦或尴尬。换句话说，Freud 寻求并鼓励患者有意识地配合分析活动。他不像现今的分析师所倾向的那样，将自由联想的能力看作进入分析过程的结果，他将此看作进入分析过程的条件。换句话说，Freud 似乎认为，（患者）对自由联想的阻抗在很大程度上可以通过（分析师提供）指导和建议的方式来克服，而现今，分析师明白，对自由联想的阻抗是可被预料的，只有通过诠释那个助长这种阻抗的潜在焦虑，患者才能允许自己开始自由地说话，并进入自由联想的过程。

也许，Freud 的开始一个分析的方法和当代对这一治疗阶段的观点之间最大的区别在于一些因素的作用，这些因素是反移情、非语言行为，包括活现，以及更笼统的分析的互动维度。

在 Freud 1913 年的论文中，他没有提到反移情。他强调了患者与分析师建立融洽关系的重要性，但认为如果分析师表现出适当的共情和理解，这种关系就会自然地发展。反移情在分析过程中所起的作用并不是 Freud 在他的著作中讨论得很多的问题。尽管他很清楚正在起作用的反移情感受所引发的潜在问题——他对他的同事们的一些过度行为感到担心；但对于理解在工作中的分析师的心理，他的贡献是微不足道的。当然，在 1913 年，当他全神贯注于理解在他的患者头脑中起作用的动力学力量时，反移情问题和分析的互动维度并不是他非常关注的问题。

现今的情况大不相同。从和潜在患者的第一次接触开始，当代分析师不仅要调谐（attune）可能发展的移情问题，而且还要调谐自己对新患者的声音、外貌和个性的反应。

在美国，这种自我觉察以及对他人觉察的特质是分析技术的一个方面，自 20 世纪 70 年代中后期以来，在候选人的培训中也一直强调这个方面，当时，Heimann（1950）、Little（1951）、Klein（1952）、Racker（1968）以及英国的客体关系理论家的著作发挥了重要的影响，"客观的分析师"这种旧观念被一种新的观点取代，新观点认为分析师不可避免地要与自己的主体性（subjectivity）进行斗争。

Gill（1982）、Loewald（1960）、Stolorow 等（1983）的著作，Greenberg 和 Mitchell（1983）等关系学家的著作，以及英国客体关系学派的著作推动了将分析看作一个两人心理学（two-person psychology）的观点，即分析材料不仅受到患者的愿望、幻想和防御的影响，还受到移情和反移情相互作用的影响。这种观点已经改变了我们对分析开始阶段的看法，从一种只专注于理解患者心理的观点转变为认为这个阶段所发生的是两个人的心理状态动力性互动的产物，一个人的心理状态影响着另一个人的心理状态，也被另一个人的心理状态影响着。

部分由于当代对母婴互动的研究的贡献，现代的分析师现在知道，从患者和分析师第一次接触起就有情感和幻想的潜意识传递。在初次会面时，患者和分析师会从他们的外貌、衣着、面部表情和声调中获得对彼此的印象，这些会对他们的心理产生持久的影响，也有助于确定他们之间的匹配程度（Kantrowitz, 2002）。

这个初次接触刺激了移情和反移情反应，这些反应可以并且经常会渲染正在进行的治疗。现代的分析师意识到这些力量，并将在适当的时候诠释由移情相互作用所产生的阻抗。

第一印象在分析中的强烈影响可以通过我在别处提到的一个故事来说明（Jacobs, 1991）。这个故事与一位身材相当矮小的分析师有关。他身高约 5 英尺 2 英寸，体重约 120 磅*。一天，这位分析师接到一个要求预约的男人的电话。在约定的时间，患者过来了并在候诊室坐了下来。然后，分析师

---

* 身高约 1.57 米，体重约 54 千克。——译者注

从办公室出来迎接他的新患者。在分析师面前的这个人身高约 6 英尺 8 英寸，体重约 280 磅*，穿着牛仔靴，戴着一顶宽边高顶的帽子。

有那么一会儿，这位身材矮小的分析师只是目不转睛地看着患者。然后，他耸了耸肩，微笑着打了个招呼，并做了个手势指向他的办公室。他说："不管怎样，进来吧。"

像 1913 年的 Freud 一样，当代的分析师认为分析的开始是一个关键时刻，是一个为即将到来的一切定下基调的时期。而且，像 Freud 一样，当代的分析师认为融洽关系或工作联盟的发展对分析中的进展至关重要。他们也和 Freud 一样相信，这种融洽关系很大程度上是患者的正性移情感受的产物。但是，尽管 Freud 认为分析师一方使用恰当的技术将确保融洽关系的发展和分析有良好的开端，现代的分析师从他们与患者的最初接触中，不仅意识到移情和反移情的相互作用，而且意识到潜意识以及（尤其是）非语言的交流对分析关系的性质和进行中的分析过程的影响。

这些变化强化并丰富了我们的分析工作，它们是一个世纪的临床经验和研究的结果，尤其是在母婴互动领域，这是 Freud 无法企及的。然而，正是 Freud 凭借非凡的洞察力和直觉，为我们提供了开始分析治疗的基本规则，这些规则大部分至今仍然有效。正如 Freud 所言，不要把他推荐的规范当作规则，而是当作会随着这个领域的发展而不断变化的建议。已经发生的进步确实导致了对 Freud 早期思想的修改和补充。但是，尽管已经有近一个世纪的历史，对我们来说，他的建议仍然有其价值，因为它们为我们提供了构件和基础，在此基础上，对于如何最好地开始分析性治疗，我们建立了目前的理解。

---

* 身高约 2.03 米，体重约 127 千克。——译者注。

从过去到现在：在接受精神分析治疗的条件及其设置方面发生了什么变化？❶

玛丽-弗朗斯·迪帕克（Marie-France Dispaux）❷

每一次对 Freud 的论文《论开始治疗》（1913c）的仔细阅读无不是再次证明他的一些想法是多么惊人地具有现代性。这篇论文的临床方面尤其引人注目；它以著名的隐喻"高贵的象棋游戏"开始，这提醒我们每当面对一个分析时所遇到的困难。

我目前的任务是：探索在当代精神分析实践中，那些寻求我们帮助的患者接受治疗条件和设置的能力随着时间而改变的方式。我们可以从几个层面探讨这个问题。首先，我们必须问问自己，我们是否已经意识到精神分析治疗初始阶段的显著变化，如果是，尝试发现这些变化的潜在原因。这些变化是否与寻求我们帮助的患者的病理改变有关？社会的变化对接受精神分析治疗条件的可能性有什么影响？与以前相比，现今这个问题为什么以及以何种方式看起来更能成为一个议题？我将试着回答这些问题。

Freud 从发出警告开始。

相关心理情意丛异乎寻常的多样性、所有心理过程的可塑性和决定因素的丰富性都反对任何技术的机械化；他们带来的结果是，一个作为规则是合

---

❶ 由 David Alcorn 翻译。
❷ Marie-France Dispaux 是比利时精神分析学会（Belgian Society of Psychoanalysis）的培训分析师，曾任该学会会长、培训委员会主席和《比利时评论》（*Belgian Review*）的主编。目前，她是 IPA 理事会的欧洲代表。她主要写作关于"困难案例"中的转化过程的内容。她还对精神分析培训，尤其是对督导，进行了反思。

理的行动步骤有时可能会被证明是无效的,而一个通常是错误的行动步骤可能偶尔会导向预期的结果。(1913c)[123]

因此,我们必须牢记这样一个想法,即任何两个治疗的开始都是不一样的。我认为重要的是要强调一个事实,即当 Freud 写关于开始治疗的论文时(1912~1913),他也在致力于写作《图腾和禁忌》(*Totem and Taboo*),并还在为写作论文《论自恋:一篇导论》(*On Narcissism: An Introduction*)(1914c)做准备而深入研究自恋。在 Freud 试图规划出当治疗被提议时会发生什么的过程中,我识别出了三条查问路线:①分析的适应证和 Freud 所称的"一周或两周的试验期"(1913c)[124];②建立设置,具体说明一节治疗的时长和疗程、付费和躺椅的安排;③评估受分析者自由联想的潜力,这些自由联想与他(或她)对语言表达和过去史的投注有关。在探索我们在当今实践中有时会遇到的变化之前,对于每一个要素,有关 Freud 的思想,我将说几句话;我将基于我自己的体验以及在督导过程中出现的问题来提出这些评论。几年来,在我作为一名精神分析师的工作中,以及在与同事的讨论和督导中,经常不得不考虑与治疗开始有关的议题,以便让那些向我们咨询,想要进行某种形式的精神分析治疗甚或经典意义上的精神分析的患者做好准备。

我将首先强调一个重要因素。在我看来,如果我们的工作方式确实有所改变,这一定不应该被看作消极的事情。我确实认为,我们现在已经更充分地准备好提出一种真正适合每个患者的设置。这并不意味着,所有的一切都是一样的——这里我将引用 Raymond Cahn 的书名,顺便说一下,我觉得这本书很有趣,书名是《躺椅的尽头》(*The End of the Couch*)(Cahn, 2002)。我个人一直有这样的想法,无论何时,只要精神分析看起来对患者有利,我就应该推荐它;在某些情况下,在与患者分享这个想法之前,我会尽可能长时间地将它保留在脑海中。

精神分析的适应证和"一个试验期"

Freud 提醒读者注意他在较早期的一篇论文《论心理治疗》(Freud,

1905a［1904］）中提出的适应证，之后他解释说，他通常会建议安排一个"试验期"。不过，他确实指出：

> 然而，这个初步试验本身就是精神分析的开始，而且必须符合精神分析的规则。也许可以做这样的区分，在治疗中几乎全部都是让患者来说，分析师除了绝对必要的解释外不做其他任何解释，从而让患者继续说下去。（1913c）[124]

我非常感兴趣地看到，我们的培训委员会以这种方式提出关于督导时间长度的修改。这种修改与 Freud 在这段摘录中所说的完全一致。

大约七年前的今天，我们对在培训项目背景下进行的督导做出了重要的改变。在我们的许多讨论中，我们逐渐意识到，候选人发现他们越来越难以建议他们的患者进行精神分析。我要在这里作一个区分，一方面，年轻的分析师通常会发现，在某种程度上，他们很难利用我们称之为精神分析的治疗，另一方面，困难是患者自己特有的。在我自己的工作中（我的同事也发现了这种情况），考虑到时间和设置的限制是分析不可或缺的一部分，患者需要时间来为进行真正的精神分析工作做准备。这一准备阶段已经被证明是非常重要的，我们认为，这在很大程度上是分析的一部分——事实上，有时，这似乎是进行任何此类工作的先决条件。因此，我们决定将培训项目中的督导所需的最短时间增加一年，以便在开始经典意义上的分析之前，在认为有必要时，可以为工作的这一重要部分分配足够的时间。此后，督导期限由至少两年改为三年；初始阶段所需的分析师和患者面对面坐着进行治疗的时间将被包括在总的督导期限中，只要能满足对患者躺在躺椅上进行的分析的督导至少有两年。这种新的安排使候选人不必焦虑地、不惜一切代价地寻找适合培训项目的患者——这不可避免地会导致他们有时会"抢先"做出决定，这不仅对他们自己不利，也对患者不利。有些情况极其复杂，例如，当将躺椅引入咨询设置时，患者发展出的材料类型会发生一些令人惊讶的变化。就好像直到那时，这种新的元素突然揭示了一直被保留在背景中的心灵的整个篇章——这种转化可能会激发进行严格意义上的精神分析的愿望。顺便说一下，这表明精神分析训练对于这种患者和分析师面对面坐着的心理治疗和精神分析性治疗有多么重要。

重要的是要强调是什么东西使这个阶段成为真正的精神分析阶段，是什么使它（用 Freud 的术语来说）成为"一个精神分析的开始"。至关重要的是，从一开始，分析师就应该处于专心倾听的位置，尽可能类似于精神分析情境中的倾听——必须对善意的中立、均匀悬浮注意，以及那种为患者打开自由联想可能性的无声倾听给予应有的重视。设置必须被定义——也许比精神分析中的设置更灵活，但要让患者感受和体验到有效性以及一致性中的涵容的（containing）部分。

我能够向我的患者 B 先生提出这种设置。B 先生 40 多岁，他已经接受过许多不同类型的治疗，并已数次住院。作为一个非常聪明的人，他已经开始从事研究工作，但是，从美国回来后，他开始感到越来越抑郁。在他的生活中，有许多当代社会普遍存在的典型问题情境的特征：在面对生活的要求方面存在困难——这种困难隐藏在他和其他人眼中的他在中学和大学阶段的成功之下，但长期以来一直在酝酿，在他开始工作时就显现出来了。简而言之，他的问题与自恋有关，在我们一起进行治疗工作的最初阶段，核心主题涉及主体化和依赖性。如今，在任何寻求帮助背后最常见的那种痛苦，已经与神经症维度以及内在心理冲突的关系不大了；大多数时候，患者所表现出的痛苦与自我认同的自恋冲突有关，与各种病理类型有关，这些病理类型涉及见诸行动（enactments）、躯体化（somatisation）和成瘾行为。抑郁是显而易见的，尽管它可能不会被直接体验到。全面的不舒服感通常是模糊的和不明确的。

在 Freud 的论文中，他首先从病情学因素的角度思考精神分析的适应证；这种经典的治疗形式是为移情神经症准备的，尽管他已经在想，精神分析也可以改善某些近乎精神病的病例。我认为，他对分析适应证的讨论与他对自恋的想法之间有着相当明显的联系，这些想法或多或少是在他撰写关于开始治疗的论文的同时发展起来的。我不至于说诊断对我们不再重要。然而，我们确实更多地从个体的精神功能运作的角度来看待适应证的问题；换句话说，我们更关注可分析性元素。例如，就 B 先生而言，我觉得他会从稳定的设置中受益；然而，他请求帮助的紧迫性、他对依赖的恐惧，以及他难以忍受分离，这些都意味着必须首先做一些前期的工作。在这种情况下，我们可能会遇到的最初困难与依赖有关，与患者难以让自己投入相关的工作有关。事实上，自美国回来后，B先生接受的所有治疗都给他（针对相关症状）会迅速见效的希望，但他很快就放弃了这些治疗。原初依赖（primary dependence）对我们每个人来说都是一个正常的过程，但如今我们的许多患者对此感到恐惧。我甚至可以说，个人主义和独立被誉为关系模式的典范，这一事实是这种状况的社会表现。为什么对客体的必要的和正常的依赖如此可怕？为什么这么多人更愿意求助于一段短暂关系，而这种关系会导致对摆脱依赖的虚幻追求？他们使用的方式或者是留在一个自恋的胶囊里（"我不需要任何人"），或者是对某种成瘾物质的依赖，或者是其他方式。换句话说，依赖是所有人际关系的核心（没有依赖的真爱是不存在的），无论是基于家庭的关系、伴侣关系、友谊还是爱情；然而，如此之多的人竭尽全力避免它——有时，他们轻率地陷入对物质的依赖以对抗我所说的"真正的"依赖。

从Freud的《投射》（*Project*）（1950a [1895]）一直到他最后的论文，他特别强调原初依赖和随之而来的无助感［*Hilflosigkeit*（德语：无助）］。对于像B先生这样的患者来说，很明显，在自我感受到被压倒或即将被压倒的每一种情况下，痛苦和婴儿式的依赖会被再次唤醒，当然，作为其中一部分的深度焦虑也会被唤起。Freud强调了"处于被压倒的状态"这个概念，换句话说，他强调了每一种潜在创伤情况下的精神经济因素。从临床角度来看，我们很容易理解一些患者描述的当这种痛苦突然降临于他们身上时的紧迫感，就好像他们感到某种要挣脱其束缚的迫切需要。就像面对短路设备时，他们或多或少需要（在电路爆炸前）断开电路的保险丝或按下跳闸开关。即使在初步的访谈中，我们也可以看到抑郁位相（depressive position）从未得到充分处理。有依赖问题的患者仍然固着于外部客体；他们极度依赖这些客体，同时又拒绝这些客体。这使内射（introjection）对他们来说是一个相当大的问题。

这些患者在焦虑和恐惧之间挣扎，一方面他们焦虑于被客体困住，另一方面他们恐惧于被抛弃和孤单一人，当我们谈论这样的患者时，我确信你们都有类似的临床例子。我的一个女患者说："我不能一个人待着，但是每当我和别人在一起的时候，我就想逃跑……" B先生是另一个例子：他和他的母亲住在一起，但从不和她一起吃饭。

这不禁让我们想到Winnicott（1958b）著名的悖论之一：在客体面前独处的能力。这是一个人情绪发展成熟的最重要标志之一，是与被提议的治疗方式有关的一个主要因素。在其最高度发展的形式中，独处的能力基于面对由原始场景所唤起的感受的能力；这意味着性欲发展的成熟、生殖能力的成熟和女性气质的成熟。然而，起初，只有当自体的不成熟得到补偿（这种补偿源于母亲自然给予的支持）时，才能实现在别人面前独处；她专心的在场（presence）和她给婴儿的支持将被内化，从而使孩子有可能独处而不需要母亲的实际在场。只有当他/她（在某个人面前）独处时，婴儿才能发现他/她作为一个人的存在。如果有太多的缺席（absence）（缺席使婴儿受到他/她自己的兴奋的控制），或者相反，存在过度的刺激，一种在兴奋基础上构建的虚假存在至少会被潜在地建立起来。当独处的能力得到整合时，孩子或成人会达到一种放松的状态，在这种状态下，简单的存在（be）成为可能。那个时候，真正的与驱力相关的体验开始了。它是一些发展的先决条件，这些发展是指婴儿的体验被感受为真实的、属于自体的，并且伴随着一种持续存在的感受（Winnicott，1956）[303]。这种体验在性质上与婴儿的体验非常不同，婴儿以强迫的方式使自己兴奋，却从未达到放松的状态；在这种情况下，他们会有这样的印象：他们所体验的是不真实的——这给他们留下了一种无意义感以及缺失了什么的感觉。他们倾向于寻找各种刺激，越多越好。他们建立的是自我安慰的程序，而不是自体性欲的任何真正的和整合的形式。

关于对可分析性的一贯敏感的（always-sensitive）评估，有一个将依赖与驱力世界联系起来的因素——被动性（passivity），我想就此说一两句话。正如我们所知道的，主导精神生活的三大维度是：快乐/不快乐、主动/被动、自体/他人，主动/被动是其中之一。主动/被动是性行为不可分割的一部分；男性身上和女性身上的被动与女子气的维度有关，与接受性有关。要体验到被动是愉快的东西，驱力必须被约束，自我必须是得到确认的。在这一点上，Green（1999a）对被动/快乐和被动/痛苦进行了有益的区分：他建议我们把后一种感受称为"钝化"（passivation）。如果被动向快乐敞开大门，那么对与驱力相关的维度的依赖将以一种令人愉快的方式被体验。如果被动是从依赖和痛苦的角度被体验的，那么钝化将被感受为一种湮灭，会产生无名的恐惧和/或破坏性的兴奋。当我们试图判定一个既定患者是否能够忍受躺在躺椅上但看不到分析师时，这是一个需要考虑的重要因素；我们必须在工作的初始阶段就努力做出这个评估。

建立设置：构建分析性的地基

Freud 接着详细描述了最能让移情神经症展现的设置的要素：付费、治疗小节的时间、患者使用躺椅而分析师坐于其后。他强调患者为所有错过的治疗小节付费的重要性，也强调治疗小节及其频度规律的重要性，从而避免"周一硬外壳"（1913c）[127]——这些因素仍然是当代实践的重要组成部分。现今的精神分析师们仍然坚定地支持这些设置的各个方面，并且它们实际上被认为是 IPA 认可的方式之一。尽管这些方面在不同的国家可能会有所不同，比如每周的治疗小节数量，但正确地建立设置仍然是真正的精神分析实践的保证。尽管如此，对许多患者来说，这些设置并非不言自明的。Donnet（1995b）[9-47] 提出了"分析性的地基"（analytic site）的概念，这拓宽了设置的范围：

应该首先从景观（landscape）的角度来看待分析性的地基，设置呈现给我们的这个景观或多或少是有吸引力的或便利的……"地理位置"也是"适应证"中的一个因素，通过预测可能需要调整的因素，为评估地基和患者之间的潜在匹配性提供支持。简而言之，它为决定如何"建立"设置铺平了道路，这是一个（以随机的方式）必须做出的决定……然而，该地基的地理位置是理论性的。分析实践要求，在个体（连同他/她的"精神"生存

和扩展的投射）与将在那里建立的地基之间的相遇中产生一段以后遗性[après-coup（延迟的追溯性影响）]为标志的历史。患者发现他/她能够利用它，幸亏这种使用（use），地基的"局部元素"才会在其存在中达到一致性。

在《分析情境》(*The Analysing Situation*) 一文中，Donnet（2005）对分析性的地基和分析情境进行了更精确的区分。"地基"的想法认可了需要为精神分析建立一个初始的设置，但它不会具有设置的僵化性，它不会使为分析师的正式身份作证变得比帮助患者更重要。他强调患者需要自行选择合适的地基。Donnet意识到，他的那些利用分析性的地基这个想法的分析师同事们，从一开始就指的是地基的构建；他同意我的观点（Dispaux, 2002），即如果不考虑在患者和分析师的最初接触过程中，地基是如何在他们之间被探索的，我们就不能恰当地谈论它。

Freud只考虑了我们今天所称的经典治疗形式，按照那种选择，他看到了精神分析的适应证。尽管在他看来，经典的治疗形式仅限于移情神经症，但我们今天可以说，他的许多患者比人们通常认为的更像我们今天治疗的那些患者，即表现出自恋问题的患者。这些年来，我们赋予了我所称的精神分析工作应有的地位。我的意思是，在一个纯金和铜的合金*中，更适合这种心理结构的设置和安排（Freud 1919a [1918]）[168]。（在一些早期的译文，例如法语译文中，说到的是黄金和铅，它们不能合成在一起，因此最初就使人怀疑整个想法。）我们可以说（这当然只是一个粗略的概述），患者在他们想要传达给我们的信息中使用了三种主要的表达和表征形式：表征及其经过良好调节的工作、通过活现呈现的能动性以及知觉维度（这个知觉维度是作为一种防御和一个无法以其他方式思考和表现的事物的表征）。困难在于为他们提供一个设置、一种独特的做法，使他们喜欢的表达方式能够被接受并被允许展开，即使当我们放弃我们通常的地标时，我们可能会发现很难赞同它并让我们自己失去平衡。例如，在这里我想到一个患者，他的说话方式在

---

* 在引用的Freud的这篇著作中，他把分析比作纯金，把直接的暗示比作铜，他认为在精神分析大规模应用时，治疗师很可能会在治疗中自由地将两者结合起来使用。——译者注。

很大程度上处于次级过程模式，给人的印象是他更喜欢通过口头的表达和表征来交流；事实上，当他面对他视为处于悬崖边缘的情形时，他利用这些作为一个极大的反投注（counter-cathexis）。他与我交流的内容的主要部分是通过感知和视觉模式来表达的。在我看来，堤坝坍塌的风险——因为它们几乎无法支撑——是必须不惜一切代价避免的。我们在一个"山脊"上，他总是处于危险中，要么陷入一片空白和无底的抑郁，要么每当他潜在的暴力开始显露时就爆发。此外，在我们每次会面结束时，他的分离焦虑都很强烈。与此同时，他的对于被打扰的焦虑也同样强烈。建议他躺在躺椅上很可能会导致他失去本来就极其脆弱的承受力，并引发一场对抗退行的持续斗争，这种退行并不是被他体验为通往某个东西，而是被体验为具有潜在崩溃的威胁。在我看来，看或看见所提供的支持证明了他是被关注的，分析师的在场似乎是他可以依靠的东西，从而能够使某种形式的精神包膜在他周围被建立或重建起来。还有一个因素使我每周只给他提供两节面对面方式的治疗：他正处于人生中一个非常不安稳的阶段——他最近才来到这个国家，而且他不确定自己会待多久。我将在稍后就这类问题说几句话，这类问题是当今人们的一些生活方式中特有的。

另外，对于一个退行并处于相对严重病理状态的患者，我会毫不犹豫地提议每周进行四节治疗，且采用患者躺在躺椅上的方式。对于这样的患者，我确信，尽管我可以想象到未来会有困难，但这是能够让他在生活中做出任何根本性改变的唯一方法。的确如此，他的家庭和职业环境都稳定多了，我们俩都觉得着手开始这种没有任何时长限制的治疗是可能的，也是值得的。

还需要提出两个与设置有关的问题：金钱和时间。Freud 谈到进行分析时必须做出的必要牺牲，包括不得不投入的时间和财务支出。在他看来，金钱是一个杠杆，是治疗中绝对必要的现实因素——免费治疗实际上可能损害治疗过程本身。然而，让他感到遗憾的是，由于财务方面的考虑，只有较富裕的人才可能进行分析治疗。现今的情况如何呢？我自己的观点是，现在真正的"奢侈品"是时间。当然，我不否认分析要花很多钱，但我倾向于同意 Freud 不无幽默地写道的：

精神分析涉及的花费仅在表面上是过高的。当我们将持续支出的疗养院费用和医疗费用相加，并将它们与成功完成分析后效率和收入能力的提高进行对比时，我们有权说患者做了一笔很好的买卖，更何况恢复健康和效率与适度的财务支出是无法进行比较的。生活中没有什么比疾病（还有愚蠢）更昂贵了。(1913c)[133]

如今，时间是一个更重要的问题。对 J-L. Donnet 的两个访谈（Donnet et al., 2006; Donnet et al., 2005）的主题是，向巴黎让·法夫罗中心（Jean Favreau Centre）提出的援助请求是如何随着时间的推移而发展的，在阅读它们时，我被这样的事实震惊：即使治疗对终端用户是免费的——因此不直接涉及财务问题——患者也会犹豫是否进行每周数个治疗小节的分析，就像我们在私人执业中发现的那样。

初步访谈是非常过程性的和有意义的，它的质量和当患者必须考虑长程治疗时出现的障碍之间存在着裂口，咨询师的困惑通常与这个裂口是相称的。如果治疗本身是免费的，这一点就更加突出。具体来说，考虑长程治疗时出现的这些障碍往往与外部现实有关——但如果我们只看到其中的阻抗，那我们就错了；那些外部现实因素包括：他们生活状况不稳定、他们参加训练项目或到离家很远的地方接受治疗的可能性、他们缺乏工作安全保障以及害怕要求雇主同意他们的预约等。(Donnet et al., 2006)[1028]

我逐渐意识到，在医院或精神卫生中心工作的受分析者也存在类似的情况；这种工作被认为可以更自由地安排工作时间，从而使相关人员更容易接受精神分析甚或督导——直到大约十年前，情况确实如此，但现在是更困难了，因为"生产力"这个理念似乎比照护人员的受训和个人发展更重要。社会和文化因素相当大地影响了我们收到的求助要求。财务状况不稳定和就业问题是社会制约因素，工作设置中的生产力要求也是如此。这里的一个风险是分析可能被视为一个茧、一个受保护的空间，人们在其中避难，以回避不得不面对的现实世界。外部世界的问题似乎越来越多，人类的需求极少被关注。与工作相关的病理变得越来越多，现在也正在被深入地研究。我们再也不能把这些困难简单地归咎于患者一方的阻抗。这种情况的一个例子在比利时（可能也在欧洲的许多首都城市）变得越来越常见——正如他们是用英语单词"外派人员"（expatriates）或"移居国外者"（expats）来称呼自己的❶，该术语指的是欧盟各种机构的雇员和企业高管，他们在这个国家的任命将持续几年，尽管一般来说，在开始时并没有确定多长时间。他们与配偶和孩子一起在这里定居——他们通常不想搬家，正在尽最大努力适应新的环境。这些家庭随后发展出一种特殊的病理，这种病理与背井离乡以及失去祖国、熟悉的环境、家人和朋友有关；而且，对于配偶来说，他们实际上并没有选择离开这一切，而是跟随着伴侣——跟随他们的工作。此外，还有一种想法，即他们可能会在接到通知后很快再次离开，以至于他们发现不可能在新的国家彻底地安定下来。我见过从国外回到这个国家的人，他们遭遇的问题更加困难，因为他们期望发现自己和"以前"处于同样的境地——因此他们的失望甚至更大。这就不难理解为什么现在我们的这么多患者都有一种抑郁症状的背景幕。抑郁症——Fédida（2001）十分恰当地称之为"人类"疾病——是当今患者所面临问题的核心，通常与社会对个体的表现和行动的评价形成鲜明对比。有一种义务，就是要变得更强、更好、更快……这似乎是外界强加给人们的口号。内部世界同样需要在场和时间来建立。

关于将精力贯注于语言表达和过去的几句话

　　Freud指出，我们必须让患者说出他们想说的话："……请告诉我有关你自己的一些东西"（1913c）[134]，他似乎认为，很明显，患者会立即开始谈论并告诉他有关他/她自己的生活。就精神分析的适应证的一个重要方面我想要说上几句，这个方面与患者将精力贯注于他/她自己的语言表达和生

---

❶　对于那些不以英语为母语的人来说，这个词有点野蛮的意味。

活史有关。我所说的"语言表达"不是指讲出来的单词数量，而是指 André Green 所说的指数化（indexation）（Green，2002a），即患者看待他们在初始访谈中所说的话的反射性的（反思性的）方式。那些一直在说话并让你头昏脑涨的患者，似乎没有考虑到你也在场这个事实，他们正在表明他们使用言语是为了疏散一些东西，并保护自己免于与分析师接触。当一个患者说："哦，我刚才说的话有点让人惊讶；在对你说之前，我还没有想过这点。"这些患者表现出他们能够思考自己，也能够将精力集中于这个空间以思考分析师给他们提供的东西。这里存在一个链接，链接的一方是这种将精力集中于分析师和语言表达的能力，另一方是有关时间、记忆和主观生活史的观念。被潜抑的记忆（Freud 一直在寻找这些）会返回到诸如患者的梦里，这要归功于一些与最初事件只是稍微相关的东西，或者也许是通过一阵突然涌动的感觉，就像 Proust 对玛德琳蛋糕（madeleine）的记忆一样*。一些被仅仅记录为痕迹的、在那时没有意义的记忆，会以一种更强迫性的、幻觉性的或身体性的模式返回，这些痕迹不可能作为记忆被重新发现。在我们现今所遇到的病理状态中，那种记忆越来越居于重要位置。这就产生了一个问题，涉及对之后失败的分析遭遇的影响。

最后

我之前提到的患者 B 先生已经开始了几个疗程的治疗，所有这些似乎都为他的问题提供了快速解决的方案。在一起工作几个月后，B 先生对我说：

我知道这需要一些时间。我走得越远，就越意识到一切都需要被重新审视，意识到我还没有建立起任何坚实的基础，意识到我总是摇摆不定。我一想到这些就觉得很奇怪。我试图和我父亲谈这件事——但他只说了一句：

---

* 法国大文豪 Proust 对玛德琳蛋糕的味觉回忆，令他写出了长篇文学巨著《追忆似水年华》。——译者注。

"什么！以你的智商和文凭，这是不可能的！"但是我知道这是可能的，尽管接受这个事实并不容易。

B先生开始明白，事实上，在想要快速完成任务的过程中他已经浪费了很多时间。

对我之前提出的问题的最后一个想法是，我们是否在现今的开始治疗的方式中看到了任何重大变化。这些是否与来我们这里就诊的患者的病理上的变化有关？社会的变化对接受精神分析治疗的前提条件的可能性有什么影响？为什么这类问题比过去更频繁地出现在议程上？这类问题是以什么方式出现的？我确实认为，接受分析的想法及其隐含的限制已经改变。尽管患者自身的变化可能比我们有时认为的要小，但在精神病理学和社会文化变化方面都有了新的突破口。例如，如果我们看看Freud的患者，就很难把他们看成是纯粹神经症性的！尽管如此，如今仍有许多因素对精神功能有着显著的影响：加快的现代生活节奏；太快地需要独立，同时对一切都要求越快越好；行动化似乎比思考更重要，外表比关系更重要，所有闪耀的东西都比隐藏在下面的东西好，生殖器和性之间的混淆……然而，在我看来，我们拥有的工具仍然是有用的——甚至也许比以前更有用，只要我们设法利用它们开辟新的道路。正如Freud所建议的——但不是出于同样的原因——给出一段时间，我该怎么称呼它呢？这段时间的训练或学习似乎越来越有必要。这段时间将有助于患者充分利用我们的特殊工具——专注的倾听、设置和诠释。这个阶段可以是灵活的，聚焦于精神分析性的咨询，或者，正如我之前所描述的例子，访谈之后是相当严格的面对面的设置，伴随着的想法是在以后转向严格意义上的精神分析。在这个初始阶段，我们的中立性经常会受到严峻的考验。我把这种中立视为一种与我们的精神分析性的倾听方式相关联的内部空间；它起着晴雨表的作用，也是分析师自由地去联想的保证——正如Freud所看到的，从治疗开始起，这是真正的精神分析工作的标志。

移情和联想性,精神分析,以及它与暗示的辩论

勒内·鲁西隆(René Roussillon)❶

《论开始治疗》(Freud, 1913c)是 Freud 在 1913 年至 1915 年间写的关于精神分析技术的三篇论文之一,另外两篇是《移情之爱的观察》(Observations on Transference Love)(1915a [1914])和《记住、重复和修通》(Remembering, Repeating and Working-through)(1914g)。总的来说,它们是 Freud 定义精神分析情境和精神分析工作的本质的最有效的尝试。

到 1913 年,他已经有充足的精神分析实践经验,从而能够评估它的策略和本质特征。他正在精炼他的有关自恋的概念,在某种程度上,这将在探索心灵及其运作的过程中翻开新的篇章❷,为 1921 年对自我进行分析时不落入仅自体指涉(self-reference)的陷阱奠定了基础。当他致力于发展他的自恋理论以及有助于识别自恋模式的方法时,他不仅对精神分析的历史(Freud, 1914d),而且对它的实践和理论方面进行了一系列反射性的和反思性的重新评价;这促使他设想着手撰写 15 篇有关元心理学论文的艰巨任务,这些论文将提供一个有关精神分析及其根本理论的整体观点。

---

❶ René Roussillon 是巴黎精神分析学会和 SPP 里昂小组的培训分析师和督导分析师,他是里昂第二大学(University of Lyon 2)临床心理学和精神病理学教授、临床心理学系主任。他也是边缘病理学研究小组的主任,以及法国罗纳-阿尔卑斯(Rhône-Alpes)地区临床心理中心的主任。

❷ 在 1915 年和 1916 年,Freud 写了两篇关于自恋的僵局和悖论分析的基础论文——《哀伤与忧郁》(Mourning and Melancholia)(1917e [1915])和《精神分析工作中遇到的一些性格类型》(Some Character Types Met with in Psychoanalytic Work)(1916d),这两篇论文是他对各种自恋病理分析的重大贡献。

因此，1913 年至 1915 年是他思想发展中的第一个转折点，也许实际上是第一个伟大的反射性的/反思性的时刻。我在前面提到的三篇关于精神分析实践的论文是这种重新评价的技术方面；在这些论文中，Freud 总结了精神分析的整体发展，并强调了那段经历教给他的东西的本质特征。那篇关于记住❶和另一篇关于移情之爱的论文强调了精神分析治疗中的一些特定问题，以及当这些特定问题在分析过程中出现时，精神分析师必须做什么。这与我目前所聚焦的论文中提出的问题（即关于开始治疗的问题）是不同的：它的总体框架和核心主题涉及在精神分析方法之下的总体策略及其实施条件。

精神分析方法的基本特征包含两个密切相关的方面：一个涉及移情，根据 Freud 的看法，这是尝试进行任何诠释的先决条件；另一个是在自由联想规则中被证明的精神功能运作的联想性（associativity）。

对移情的分析和使其成为可能的条件

第一个基本概念是移情。精神分析的工作是以移情为基础的。正是这一点以及它所带来的某个治疗小节中的此时此地情境，赋予整个过程以分量，并确保分析不会流于表面——它不会是一种智力形式的分析，而是调动情感和与驱力相关的体验，这是由于分析而发生的真正变化和转化的必要条件。

我们什么时候开始与患者交流？……这个问题的答案只能是：直到在患者内心已经建立了有效的移情，即（医生）与他之间形成了适当的融洽关系时。（Freud，1913c）[139]

据此，Freud 也有著名的评论——"不可能摧毁任何缺席的或不在场的人"（Freud，1912b）[108]；这清楚地表明，要使任何真正的转化发生，一个

---

❶ 关于该论文的分析，参见 Roussillon（2010）。

既定的问题情境必须被带入移情的此时此地。

因此,移情是分析工作的先决条件。它的存在、表现及随后的分析,在基于暗示的医学心理治疗和基于对暗示效应分析的精神分析性心理治疗❶之间划分出了界线,分析师的意见被接收和被整合的方式受到移情的影响,而暗示效应与这种影响有关。这也是为什么 Freud 一直对任何关于分析过程中会发生什么(例如,对于即将到来的移情之爱,还不太有经验的精神分析师可能会说些什么)的预备评述持怀疑态度。Freud 确实在他的有关移情之爱的论文(1915a[1914])中指出,这是精神分析情境的产物——事实上,这正是它被诠释的条件。正如 Freud 自己指出的那样,要诠释它,它必须看起来是自发的。精神分析过程发生在这种自相矛盾的背景下;如果要使分析工作的说服效果不论如何都是令人信服的,分析师和受分析者都必须接受这些悖论,从而能够使预期的深层改变发生。

这让我可以对 Freud 的著名观点做一个简短的评论,根据他的观点,治愈或康复是一种奖励,在我看来,这个观点经常被误解。这一声明有时错误地被归因于 Lacan;Freud 这句话的意思并不是说精神分析不是一种心理治疗,也不是说精神分析的目的与治疗结果无关——事实恰恰相反。他的意思是说,继续进行分析,而不寻求这种由暗示带来的任何症状的即刻缓解,是治疗受分析者痛苦的最佳方式——这是对此最佳的心理治疗类型。Freud 并没有把心理治疗和精神分析做对比,而这在现今很常见;他区分了一种有缺陷的或表面的心理治疗形式和一种优质的心理治疗形式,后者通过深入的工作可以带来持久的变化。在"一根香肠被扔在赛道上的狗狗比赛"这个隐喻中,他非常恰当地解释了这一点(Freud,1915a[1914])[169]——比赛的结果是狗扑到香肠上以便获得即刻满足,而不是专注于比赛获胜者将获得的更大满足(一个全部用香肠做的花环)。然而,正如我稍后将阐明的那样,当治疗开始进行时,精神分析情境的某些方面必须从一开始就被强加下来;正

---

❶ 也许值得提醒读者的是,对于 Freud 来说,精神分析并不站在心理治疗的对立面;在他看来,精神分析是一种"精神分析性的心理治疗"。对他来说,真正的区别在于基于分析的心理治疗——更具体地说是基于移情的分析——和那些将暗示作为主要治疗手段的心理治疗形式之间的区别。某种程度的暗示在精神分析中是不可避免的,更重要的是,它与移情相关联,也与移情现象将精神分析师所置的位置相关联。

如Ferenczi所说的，这些都不可避免地产生了"父亲般的暗示"的效果（Groddeck，1923）[266-267]。在这种情况下，暗示似乎是不可避免的；由于分析工作的开展，治疗的一个主要方面是使其可能超越这一点。因此，最初的暗示将被视为一种使分析得以进行的"推力"，这是一种必要的暗示，促使随后的超越暗示成为可能。

然而，移情并不是精神分析情境所独有的。正如Freud早在1912年就指出的，它在绝大多数治疗情境下都会发展出来。建立移情的能力代表了精神功能运作的一般过程，是"强迫重复"的一种形式（Freud，1914g）。移情神经症也不是精神分析所特有的；每次，当一个关于某个团体或其他团体的移情被建立时（Freud谈到了教会和军队；我们可能会加上家庭和任何一种治疗情境），移情神经症也被（或也可以被）建立起来。

精神分析的特殊之处在于它使分析移情神经症成为可能——它不仅为移情神经症的发展创造了条件，也为对它进行分析创造了条件。这是Freud对笼罩在（也将永远笼罩在）精神分析上的暗示威胁的最基本的反应。移情代表了对精神分析过程的真实性的根本威胁，因为它是一个影响和暗示的因素。要抵消影响和暗示，仅仅避免给出建议或克制使用"医学"心理治疗（用Freud的术语）常见的暗示影响（这将只是一个有意的自我控制和意志力的问题）是不够的。然而，仅凭这一点并不能消除潜意识的影响和暗示作用，因为它只适用于这些因素中有意的和故意的方面。暗示和影响可能产生的作用与分析师有意的决策无关——它们涉及受分析者理解分析师的评论和回应的方式；换句话说，它们涉及潜意识的移情。这种暗示、影响，甚至诱惑，不能简单地通过决定有意地放弃这样的回应来抵消；为了超越它可能产生的效应，必须探索潜藏在它下面的潜意识动机。这是移情分析涉及的关键问题之一；而且，当与其他基于暗示的心理治疗形式相比时，这是移情分析是精神分析定义中如此重要的一部分的原因；它是精神分析心理治疗和医学心理治疗之间的分界线。因此，根本问题是使移情分析成为可能的条件。

一组条件涉及我们可能称之为移情竞技场（transference arena）的东西，它们是移情的早期表现，在初步访谈中倾向于一开始就聚焦设置和主导治疗的具体规则。这导致Freud去探索如何在建立精神分析情境时克服移情的这些早期表现——那些聚焦情境本身并把分析的初始阶段作为他们选择的媒介的早期表现。Freud 总是注意这样一个问题：那些倾向于将精神分析设置本身作为移情或其表现的场所的元素，是如何被从那个特定的维度移开，并尽可能地被带入对分析师的移情中。然而，当治疗被建立时，最初正是与设置本身相关的移情和阻抗倾向于被表现出来。开始治疗背后的策略——可以说是"游戏的总体计划"（Freud，1913c）[123]——在于不允许移情聚焦于那个特定的方面（设置和主导治疗的具体规则）。假定移情（更具体地说是对分析师的移情）是决定分析师任何形式的干预是否有效的条件，但是，这是怎么被实现的呢？Freud 的想法是将两种干预模式结合起来。一方面，设置的某些特定方面已经相当简单地被强加于人，希望随着分析过程的演变，基于受分析者持续的分析体验，最初的强制将转变成更令人信服的东西。有些事情是无法被事先证明合理的，例如，有关治疗小节的付费事宜，"我的回答是：事情就是这样"。只有通过治疗过程本身，它们才会变得有意义，并且由于在那个特定点上仍然会到来的体验，它们被感觉是有效的。这与我之前所说的一开始必须给予分析的"推力"相呼应。在其他时候，Freud 解释了这种设置的基本理由以及在分析师先验知识上的限制。他是这样做的，例如，他通过参考伊索寓言中关于徒步旅行者的步幅长度（1913c）[128]，来说明与通常的治疗时长相关的问题。因此，他没有立即诠释这种"阻抗"，因为还不具备使这种诠释有效的必要条件。他把无法解释的东西强加于人，并解释了那时可以解释的东西——他既利用了胁迫又利用了意义。

也是为了分析移情，他建议受分析者躺在躺椅上。他似乎最初是出于个人舒适的考虑（他没有和他的受分析者分享这个理由）：他不能忍受整天被他的患者看着。然而，当他开始考虑解释原因时，很明显，真正的原因与对移情的分析有关：在他的脸上，在他的手势和动作中，受分析者可以"读出"他*对他/她**所说的话的反应，并根据分析师可见的"反应"调整其所说的内容。联想性和移情过程的整串内容可能因此被掩埋起来，无法被表达出来。在这里，现实的设置也是试图抵消任何来自分析师的潜意识的或非

---

* 指 Freud。——译者注。
** 指受分析者。——译者注。

故意的影响或暗示的威胁。

也正是因为如此，移情感受才得以凸显，Freud 尽可能地限制了我们现在所称的平级移情（lateral transference）。这代表了对移情整体分析的一个潜在损失的来源，移情正试图寻找另一个可以上演它的舞台。应该指出的是，Freud 所指的平级移情的意思比一些当代精神分析师使用这一概念的方式更具限制性。对 Freud 来说，平级移情不是随便任何东西；它只适用于这样的情况：受分析者向其他人讲述他/她的分析，报告治疗小节的情况，或者在他/她的情感环境中，分析性治疗小节好像被复制在他/她与某人的其他"会面"中。

在这一点上，很有必要提醒读者，Freud 对移情的定义并不局限于与分析师之间和在精神分析情境中所发生的事情。当代的精神分析师也经常遗忘这一点，对于他们来说，移情的概念只适用于与分析师之间发生的事情。在《记住、重复和修通》一文中，Freud 写道："……移情本身只是重复的一部分，而且……重复是一种被遗忘的过去的移情，不仅转移到医生身上，而且转移到当前情境的所有其他方面。"（1914g）[151]

总结移情在哪些条件下可以被诠释，自然足以让我们想到自由联想的规则，除此之外，还有一般而言的联想性。

首先，基本规则背后的逻辑使诠释移情成为可能；因此，必须用语言来表达它。除了凭借已经被表达的东西（通过置换并因此被移情到当前情境）之外，我们如何诠释没有被表达的东西（移情及其历史来源）？这意味着取消被应用在语言所表达的内容中的各个等级的审查。

此外，移情和联想性之间有一个内在的、基本的链接（这个元素从一开始就存在于 Freud 的有关情境的概念中）。在《梦的解析》（*The Interpretation of Dreams*）（1900a）一书中，Freud 指出，每当联想性崩溃或当阻抗在联想性中带来置换并发生转变时，就可以推断出移情。例如，在该书中，Freud 是这么说的：

> 我们知道……一个潜意识的观念本身是完全不能进入前意识的，只有通过与已经属于前意识的观念建立联系，通过将潜意识观念的强度传递给前意

识观念，并且通过让潜意识观念自身被前意识观念"覆盖"，潜意识观念才能在那里发挥作用。这里我们有了"移情"的事实，它为神经症患者精神生活中如此多的惊人现象提供了一个解释。因此获得了不当强度的前意识观念，可能不因移情而改变，也可能被强制修改，这种修改源于影响移情的观念的内容。（1900a）[562-563]

在 Freud 于 1913 年至 1915 年间撰写的论文中，他补充了这个核心前提；他在多个场合评论说，每一次自由联想的崩溃都应被视为对联想链或涉及分析师或精神分析情境的某些思想进行某种审查的结果。因此，移情和联想性被紧密地链接在一起；关于自由联想的规则也是诠释移情的必要条件，是规避分析师潜在影响的方法之一。联想性的概念为思考打开了更多的途径，这些途径在很大程度上被当代分析师忽视了，因为联想性对他们来说是如此众所周知，以至于它不再是任何探索的主题。回顾这些问题的历史背景可能会有些用处，因为毕竟这种背景是精神分析的一个基本特征——一个可能还不足够为人所知的特征。它是至关重要的，因为它说明了 Freud 不断尝试从暗示的影响中解放精神分析，而暗示是方法本身的一部分。自由联想和联想性不是分析师规定的——或者至少不是完全由分析师规定的；它们首先是所有心灵自身运作的模式。对于精神分析的方法论，他们提出建议的目的只是鼓励在面对过去或现在可能阻碍其有效运用的一切东西时自由表达；目标是将受分析者从可能对其产生冲击的既往影响中解放出来。

基本规则和联想性

当我们仔细研究 Freud 对他发明的方法的起源所说的话时，我们的注意力被吸引到他在 1920 年写的一篇短文《分析技术史前史的注释》（A Note on the Prehistory of the Technique of Analysis）（1920b）上。在那篇论文中，他提到了这样一个事实：十几岁的时候，他读过德国浪漫主义运动时期的作家 Ludwig Börne 的作品，这引起了他对自由联想的注意。在一篇题为

《三天内成为原创作家的艺术》(The Art of Becoming an Original Writer in Three Days)的文章中，Börne 说写作的"自由联想"法是他创作的关键。事实上，这种方法是由 Mesmer 的追随者以及法国里昂红十字山巴伯林骑士（Chevalier de Barberin）诊所的早期唯灵论者发明的。该方法是由该诊所的两名"人造梦游者"（被称为 G. Rochette 和未知代理人）发明的，然后通过共济会团体（Masonic lodges）被带到法国斯特拉斯堡市（Roussillon, 1992），在当时（19 世纪初），斯特拉斯堡是所有与德国和德国浪漫主义运动有关的事物的中枢。

关于联想性和临床问题之间联系的历史，我们是在 Freud 的《论失语症》(On Aphasia)（1891b）一书中第一次遇到它的。在那本书里，Freud 的心理表征理论是基于他对失语症的研究——失语症是一组相互关联或联系在一起的知觉要素。必须说，他提出的是惊人的、现代的和"神经科学的"模型——它接近于诸如表征的互联网络模型和组群神经元的互联网络模型（Braitenberg et al., 1998；Hebb, 1949）。

在他著名的《科学心理学计划》(Project for a Scientific Psychology)一文中，Freud（1950a [1895]）继续尝试设计一个心灵的联想工作模型。在那篇论文中，他明确地将条件反射作为一种构想症状是如何产生的方式——位于回忆核心的"错误联系"是通过联想的同时性或相邻性产生的。在这一点上，例如，当我们将其与 LeDoux（1996）的模型进行比较时，再次说明，他的模型是一个非常现代的模型，LeDoux 的模型认为条件反射是大脑功能运作的一个基本重要特征，尤其是在情绪方面。

在同一篇论文中，Freud 试图展示自我是如何运作的，在他的尝试中，他再次利用了联想性的功能运作：自我是一组关联的联系，是一个自身具有联想性的组群。他接着说，当初级防御["避开"（fending off）（Freud, 1950a（1895）[321]]被动员起来，一些联想会被抑制或受阻；这往往会阻碍自我的不同部分之间的联想运动。自我是一组复杂的相互关联的元素，是一个联想的组群或网络。重要的是要认识到，这一模型既适用于基本的精神功能运作，也适用于病理性的精神状态：某些生活事件可能会偶然地固定一组相关的元素（通过同时性或相邻性）；一些因素可能仅仅因为偶然的原因而被联系在一起。初级防御固定了生命的联想流，并阻止了适应当前环境所必需的重组，这是由初级防御决定的。这就是为什么当自由联想方法确实被使用时，它会改善这种情况；它恢复了联想流的自由运动，把心灵从它的"固着点"（fixation-points）、它的固定想法（*idées fixes*）（Janet）和它有害的历史影响中解放出来了。

在《癔症研究》（1895d [1893-1895]）中，Freud 对第一个版本的精神分析方法的技术方面及其实施方面进行了更精确的描述。最初，这包括分析师用手按压患者的前额；当手被移开时，一个想法出现了——第一个浮现在脑海中的想法是最好的，是一个被期待已久的想法。只要有需要，该技术就会被重复使用。到了 1900 年以及在《梦的解析》一书中，这项技术已经有了一些发展。自此以后，被视为与分析相关的不仅仅是头脑里出现的第一个想法，还有与该想法相关的那些想法；换句话说，这种方法旨在揭示整个系列的想法。作为暗示方法的一个残余，精神分析师将梦分解为不同的元素，每一个元素都是一个序列的起点，一系列的联想聚焦于一个既定的元素上。因此，精神分析师"一直把手置于"治疗上，然后将出现的联想群组集合在一起，提出对整个序列的诠释——可以说是一种综合。Freud 按照这一模型分析了他自己做的 Irma 打针（Irma's injection）的梦，正如逐步描述使事物清晰一样；Dora 这个案例中的梦也是如此（Freud，1905e [1901]）。直到对"鼠人"（Rat Man）这个案例进行分析之后，Freud（1909d）才宣布精神分析方法从此将以自由联想规则为基础，不具有任何诱导联想的企图。

《维也纳精神分析学会会议纪要》（*Minutes of the Vienna Psycho-Analytic Society*）（Nunberg et al., 1962）提到，1907 年 10 月至 11 月有两次科学会议专门讨论该案例，在其中的一次会议上，Freud 说："精神分析的技术已经改变到这样的程度，即精神分析师不再追求引出他*感兴趣的材料，而是允许患者遵循他**的自然的和自发的思路。"

这些技术发展的意义是非常清楚的：任何来自催眠的影响和暗示的遗留元素必须被移除。必须对它们进行解构，以便受分析者尽可能以自由的、自

---

* 指精神分析师。——译者注。
** 指患者。——译者注。

发的方式发挥功能，这个方式是有助于分析的。精神分析依赖于暗示背景幕的逐渐解构，暗示是各种心理治疗的一部分；只有在发展其理论基础的情况下，才可能（以及可忍受）这样做。1907年后，受分析者选择治疗小节的联想主题，并遵循他/她自然的和自发的思路——这是因为Freud得出了这样的结论：所谓的"自由"联想实际上受到存在的潜意识联想网络的限制，而潜意识联想网络决定了这些联想遵循的路径。没有必要害怕失去方向，因为一些内在的凝聚力秘密地支配着联想的流动；没有必要从外部对此进行监管，因为它有自己的内在逻辑，精神分析师必须专注于此。

精神分析师对联想性和移情的仔细倾听

实施倾听的方法和技术取决于Freud如何构思心灵的运作，也取决于他对心灵基本连贯性的坚定信念。基本规则是有意义的，因为Freud那时已经发展了一种关于精神功能运作的联想理论，并且确信心灵的连贯性覆盖并超越了任何明显属于精神病理学的方面；在他看来，联想性既依赖于有意识的网络，也依赖于潜意识的网络。

在他的《癔症的心理治疗》（The Psychotherapy of Hysteria）一文中，Freud指出，癔症患者完全有能力给出连贯的联想；如果这些联想看起来不连贯，这意味着联想链中的一个环节仍然是模糊的、隐藏的或潜意识的。"关于一连串思维中的逻辑联系和充分的动机，即使它延伸到了潜意识中，我们对一个癔症患者的要求和对一个正常个体的要求可能是一样的。松开这些关系不在神经症的力量范围内。"（Freud，1895d [1893-1895]）[293]

随着时间的推移，他越来越确信这一点。然后，他去深入地探索联想性的关联是如何秘密地被组织和结合在一起的，而且他发现了在联想网络和潜意识的其他产物背后的逻辑。

这逐渐使他认为"基本的"东西并非真正的"规则"，因为这只是表达了心灵的自然联想性应该如何被倾听以及如何使这个工作更容易。最根本的是，精神分析方法能够解除包绕着（想法的）自由表达的审查。最基本的东西是那些可应用于帮助精神分析师处理材料的规则。在倾听联想时应该带着这样的想法，即联想是连贯的；这意味着，如果把任意两个元素结合在一起，它们之间一定有某种关联。如果这种关联是显而易见的，如果它是毫不掩饰的、有意识的、被表达的、连贯的，那就没有困难；当这种关联是不明显的、有所掩饰的、未被表达的、非意识的，那么问题就开始出现了。正是在这一点上，精神分析性的注意力的特定本质在临床领域中显现出来了。分析师倾听那些联想时必须带着这样的想法：在这些联想之间存在着某种隐含的、潜意识的关联；必须对这种关联做出假设，分析师必须试图重建这种关联，并重建支撑这种关联序列的逻辑。

从 Freud 的视角看，当时出现了两种连贯性和潜意识逻辑。一方面，连贯性可能是视情况而定的，与个体不断发展的历史中的特定事件相关。在这种情况下，关联是根据我上面提到的条件反射模式建立的；它们受到可能是偶然出现的因素的制约，并且它们发挥作用仅仅是因为它们与精神上重要事件的接近性、邻近性或同时性。

另一方面，连贯性可能是结构性的，正如 Freud 逐渐理解的那样。在这种情况下，它与人类生活中发生的｛尤其是有关于情感和性方面的［父亲情结，接着是俄狄浦斯情结（Oedipus complex）］｝重要议题、冲突和难题有关。由于大部分时间这些议题与（在很大程度上是去性化的）普通社会生活形成了鲜明的对比，它们经常被潜抑。Freud 继续提出，它们被"拉入"组织潜意识生活的结构中；这些潜意识的概念或"潜意识的产物"（Freud，1917c）[128]❶ 在他的思维中呈现出一种差不多是结构性的性质。

正是基于这种极简的心理功能运作理论，Freud 发展了他的精神分析性倾听的观点；它形成了这种注意的一个潜隐部分，并构建了这种关注将采取的形式。要更详细地查看有关移情和联想性之间的关系，我们必须再次看看 Freud 的《论开始治疗》（1913c）一文，并考虑关于基本规则的另一个元素

---

❶ 比起原始幻想，我更喜欢有关产物或概念的想法。对于 Freud 来说，这些对于精神体验有着结构性的价值。在 1917 年，关于阴茎作为"身体的一个可分离的部分"（1917c）[133] 和阉割，他提出了潜意识概念作为精神联想性这个部分的组织者，使不同的能指（signifiers）在其各种组成部分之间航行。

以及它所暗示的各个转化之间的相互作用。

Freud 指出，在他向受分析者描述基本规则时，他使用了火车旅行这个隐喻，"就好像你是一个旅行者，坐在一节车厢的窗户旁边，向车厢里的某个人描述你看到的外面不断变化的景色"（1913c）[135]。这个隐喻意味着双重转移、双重转化：将某种东西从运动/感觉运动领域（火车穿过乡村）转移到视觉领域；这个想法是描述乡村，然后将视觉印象转移到语言器官中。它强调了这样一个事实，即精神分析方法意味着个体能够执行这种双重转移/转化。因此，向言语的转移和移情倾向于一个叠加在另一个上，或者至少关联在一起。在这种方法中，感觉运动领域和视觉领域都被转移到言语和言语表达器官中。倾听一节治疗过程中的话语（倾听其声音载体的移情）可以是一个很好的方法，不仅要专注地识别倾听所需的条件，还要识别这两个领域所传达的信息；也就是说，当某物被转换成声音表达时所产生的东西。身体为声音和所说的话提供支持，同时声音传达了身体上体验的东西——声音承载着人的身体，因为它传达了他/她想说的一些东西。因此，对移情的分析不是"智力上的"事情；它是对治疗中实际发生的事情的分析，是对此时此地的讲话行为所表达的内容的分析。当感觉运动和视觉领域的内容被有效地转移到言语器官中时，情况就更是如此。这个器官将同时纳入隐喻方面（一种转换成文字的视觉形象）和语用的、修辞的效果（运动行为对语言的影响，这成为对他人行动的一种影响和暗示的力量）。在精神分析中，词语不仅仅是表征；它们产生影响，并把某些事情化为行动——它们是一种"代表-行动"（represent-action）。当这种双重转移发生时，分析师是受到移情诱惑影响的人；暗示和催眠的影响落在分析师身上。这就是为什么对移情的分析和对反移情的分析必须被引入一种辩证的关系——更准确地说，是反移情的那一部分，在一次笔误中，我曾称之为"展示-移情"❶。

当这个过程失败或遇到严重阻抗时，会发生什么？当个体不能把他/她的主要感受转移到语言器官中时，会发生什么？当感觉运动体验没有以这样的方式被组织起来以使它们被转换成言语时，会发生什么？仅仅专注倾听语

---

❶ 在法语中，反移情是 contre-transfert；作者在他的笔误中写的是 montre-transfert，即"展示-移情"。（原文译者注）

言实际表达的东西是不够的——Freud 自己曾在多个场合指出这一点（1913c，以及在他 1914 年和 1915 年写的论文中）。

倾听联想性并不局限于受分析者所说的话；它从属于移情整体，这不是简单地通过或借助语言进行活现的方式，就好像它是某种口头活现那样。移情可以通过各种表达方式和非语言形式表现出来。为了使联想性在移情分析中充分发挥作用，倾听联想性必须能够整合前言语的和非言语的语言；必须不仅整合并考虑到言语联想的顺序，还整合和考虑那些与通过身体和行动传达的初级表达形式有关的联想。这些之所以被视为语言的主要形式，是因为当它们更多与活现而不是与记忆有关时，它们本身包含了一些对分析移情非常重要的方面。

这种对联想性的仔细倾听从 Freud 工作的一开始就存在。我的感觉是它没有被足够地关注；因此，我想补充几点我自己的看法。

在《癔症研究》一文中，特别是在关于癔症的心理治疗这一章中，Freud 描述了他对如何使用联想性的方法的理解。很清楚的是，他把各种身体表现包括在内，特别是那些与癔症转换症状相关的表现，他把这些表现看作"参与在谈话中"（1895d [1893-1895]）[296]。他以自己的方式专注地倾听与面部表情、手势和姿势有关的一切——这些也是在说一些东西。重要的是要注意，对于 Freud 来说，症状和身体上的表现是表达真实性的一种方式；他在他们身上看到了某种"指南针"。这意味着他已经将移情视为治疗过程中正在实现的东西的一个重要特征。如果一个患者说他/她没什么可说的了，但症状仍然存在，Freud 会密切注意这些症状提供的迹象，在他自己的头脑中，他确信有些东西没有被说出来。只有当身体症状被消除后，Freud 才会认为与之关联的联想网络被完整地表达出来了；症状的消除意味着呈现在移情中的东西已经找到了其他的表达方式，因此患者不再处于他/她通过活现方式表达的东西的潜意识影响之下。

此外，在我们的分析过程中，她疼痛的双腿开始"参与在谈话中"……我们开始工作时，患者通常没有疼痛。那么，如果我通过一个问题或通过施

加于她头上的压力,我唤起了一个记忆,一种疼痛的感觉将首次出现……当她告诉我她必须要传达的内容中最重要的、关键的部分时,疼痛会达到顶峰……我及时将这样的痛苦作为指南针来指引我;如果她停止说话,但承认她仍然有疼痛,我就知道她并没有把一切告诉我……(1895d [1893-1895])[148]

在1913年的一篇致力于精神分析的科学研究的论文中,Freud清楚地阐明了"言语"在精神分析中意味着什么。他指出这样一个事实:"'言语'必须被理解为不仅仅是用语言表达的思想,还包括用手势和所有其他方法表达的言语……精神活动通过它可以被表达处理。"(Freud,1913j)[176]这句话是他一系列观点的集大成者,这些观点可以在他探索神经症症状学的几篇论文中被找到。

在Freud的论文《强迫动作与宗教实践》(Obsessive Actions and Religious Practices)(1907b)中,他写到一个女孩在洗涤完后强迫性地冲洗脸盆周围好几次。只有到那时,她才能把水倒掉。Freud对强迫仪式的分析表明,"强迫动作在每一个细节上都非常重要,(而且)它们为人格的重要利益服务"(1907b)[120]。此外,它们是已经被体验到的事物的直接的或象征性的表征——因此,必须依据个人过去的一个既定事件诠释它们或象征性地诠释它们。在冲洗脸盆的例子中,分析揭示了这是针对患者的一个姐妹的警告,这个姐妹正在考虑离开丈夫——在找到某个人(干净的水)来代替丈夫之前,她不应该扔掉现在的丈夫(脏水)。这里值得注意的是,对于Freud来说,这个仪式的意义不仅涉及患者与她自己的关系,即内在精神的意义;它也涉及患者和她姐妹的关系,因为这是一个针对她姐妹的信息。强迫动作是有意义的;它们讲述了一个故事、一段历史,除此之外,它们是针对别人的。从这个意义上说,它们是以信息的形式被转移给其他人的——在这个特殊的案例中,用Freud的话来说,是针对患者姐妹的一个"警告"。

从一个行动、一个活现的角度被理解的行动和移情说明了一个想法或一个幻想;它们讲述了某个特定的时刻(发生的事)。它们被展示给或讲给那些在个人生活中扮演有意义角色的人;它们是传递给那个人的,即使它们的实际内容可能没有被完全接受，或者在它们之下的想法隐藏在表达方式本身的背后。一个活现"展示"了某样东西，但没有"言说"它。它讲述了一个故事，但是隐藏在一个面具后面；它遗忘了自己最初的历史起源，并置换或颠倒了最初的场景，这被转移到此时此地的情境中。通过这种方式，它掩饰了最初被体验到的东西的意义。

在 1909 年，Freud 进一步发展了他的关于癔症以及癔症表现所展示的东西的思想，在他 1892 年与 Breuer 合作撰写的论文《论癔症发作的理论》（On the Theory of Hysterical Attacks）（1940d [1892]）中，他已经阐述过这些。在《关于癔症发作的一些一般性评论》（Some General Remarks on Hysterical Attacks）（1909a [1908]）[229]一文中，他强调了这样一个事实：在癔症发作时，幻想"被转译到运动领域"和"被投射到运动中"。癔症发作和它们所呈现的"哑剧式表现"是几个幻想（特别是与双性恋有关的幻想）或过去创伤场景中几个角色行为的浓缩结果。例如，在一个女人身上出现不连贯的躁动不安，好像她在演一出毫无意义的哑剧，一旦整个动作被分解成几个组成部分，就开始有意义了——那么这可以被视为一次强奸。这个场景的一个部分是这个女人用一只手撕掉了她的衣服，这代表强奸犯对她的攻击，同时她动作的第二个部分是她把衣服压在她的身上，这代表了她试图保护自己不受攻击。

在这个例子中，一个似乎毫无意义的哑剧，在显性层面上看起来是不协调的躁动不安，但一旦它被分析并分解成秘密构建整个模式的各个组成部分，就可以显示出它的意义。最初看起来只是一种"释放"（discharge），而后它揭示了意义的复杂性，这实际上是其中的一部分，尽管被隐藏了起来。癔症通过身体"说话"；它"展示"了这个人无法用语言表达的东西，并隐藏了这个方面。在癔症的过程中，可以从情感表征的角度来解释行动；它们是一种语言，与其说是一种付诸行动，不如说是一种行动-语言。它们将语言转移到身体和身体特有的表达模式中。它们也是展现给某个人的，是给自己的（一种对自己说些什么的方式），也是对另一个人的；也许有一种期望，那就是对方能够理解信息，并向说话者反馈他/她没有意识到的、没有实际说出来的那些东西。在《精神分析概要》（An Outline of Psycho-

Analysis）一文中，Freud（1940a［1938］）[202]评论了在所有被报道和上演的场景中被他称为"超然旁观者"的这个人的重要性。这个场景是传递给那个旁观者的，他也是自体的外化代表、一个替身；它向那个旁观者讲述了一些东西，并且它又是一个发给其他人的信息，这个人被要求为过去没有被见证的东西做出证明。因此，在这里，移情的新形式在暗中起作用。

我从Freud的著作中选取的所有例子都与神经症有关。它们与肛欲的（anal）或性蕾的（phallic）经济维度有关，并且是以口头语言装置为标志的体系的一部分。这个体系被口头语言包围着，它由隐喻所构建。身体"说着"、上演着个体无法用语言表达的东西——尽管这种潜力是存在的；身体隐喻了场景。正如Freud所阐明的那样，行动及其上演的结构是一种叙事结构。被上演出来的现场情境讲述了一个人无法承受的他/她生活中的一个场景、一个故事、一个故事章节。这种叙述是语言世界及其象征形式的一部分，尽管实际上是身体在说话和展示。虽然有人试图把它告诉他/她本人，但或许最重要的是，它也是一个以他/她自己的名义向别人叙述的故事。

在Freud的致力于精神分析的心理学兴趣的论文部分（Freud，1913j）中，他表达了他的信念，即行动——包括可以在早发性痴呆（精神分裂症）中观察到的刻板手势——不是没有意义的。即使在那种极端的情况下，它们也是属于这个人过去的"非常重要的模仿行为的遗迹"（1913j）[174]。他补充道，在"最疯狂的演讲、最怪异的姿势和态度中，迄今为止，似乎只有最怪异的反复无常占了上风，精神分析研究已经引入了准则、秩序和联系，或者至少已经允许我们去猜想，它们所出现之处，正是工作尚未完成的地方"。

这些思想在他的一生中不断增加；它们在他1937～1938年的著作中最为完整，这些理论概念得到了最后的润色。

因此，很明显的是，尽管自由联想的基本规则涉及语言本身，并试图沿着这条路径传送联想性，但精神分析师的专注倾听不能仅限于这个领域。当分析师的注意力依赖于对移情的分析以及在这种移情中试图活现的东西时，情况尤其如此。在精神分析情境中，暗示和影响并不局限于言语；每一种表达和所有语言形式都有助于将被遗忘的情况转移到当前情形中。

Freud 在一定程度上受到了 Ferenczi 的影响，当他撰写《精神分析治疗的发展路线》（Lines of Advance in Psychoanalytic Therapy）（1919a [1918]）以及在 1923 年探索与之一致的梦时，他将所有这些问题都考虑在内。在这种情况下，分析师面临着另一种选择。一种可能性是，试图迫使所有其他表达方式都采用口头语言，从而使诠释成为可能。这是 Ferenczi 在 20 世纪 20 年代初期采取的态度：加强节制，禁止任何其他表达方式——这就是之后的方式——并借助于一个"强有力的"模式，其暗示和影响效果不容忽视；事实上，这些都是潜在的超我诱感的一种矛盾形式。另一种可能性是 Ferenczi 后来尝试的这种方法，就是采用那些能够增加语言的接受性和受分析者对感觉运动领域的感受性的技术。这将产生精神分析情境中的宣泄性恍惚（cathartic trance）的效应（Ferenczi，1930）。为了做到这一点，可以采取基于心理剧或具有心理剧目的的某种干预；同样地，这里也出现了另一种影响和暗示的威胁；这次是更具自恋性的。

直到 1936~1938 年间，精神分析理论的缓慢发展过程结束后，Freud 才再次提出了这个问题。然后，他将其表达在与精神分析技术相关的其他问题情境方面，而且 Freud 在有关这个主题的最后两篇论文中发展了它，这些论文是：《分析中的建构》（1937d）和《可终结与不可终结的分析》（Analysis Terminable and Interminable）（1937c）。

在开始治疗时,分析师这个人和主体间性的角色

刘易斯·基什纳(Lewis Kirshner)❶

在影响分析性治疗的前景并以类似阻抗的方式增加其难度的因素中,必须考虑的不仅包括患者的自我的本质,还包括分析师的个体性。(Freud, 1937)

"在治疗之初,跟患者说的话尽可能少。不要干扰患者的思想。让它展开。"很可能现在没有候选人会像我 30 年前那样接受这个建议,即不要主动参与分析过程。我的训练遵循 Freud 在《论开始治疗》中的意见,"几乎全部都是让患者来说,分析师除了绝对必要的解释外不做其他任何解释,从而让患者继续说下去"(Freud, 1913c)[124]。然而,从那时起,精神分析的形势发生了巨大的变化。不只是临床实践中熟悉的设置和持久的固定程序可能会产生暗示,由被充分分析的专家对患者实施标准技术这个概念已经让位于更具互动性的精神分析治疗概念。特别是,我们用以理解分析师参与过程的本质的方法,以及有关什么是具有治疗性的这个问题的概念都已经转向了一个更为共享和被共同建构的模型。在这一篇论文中,我聚焦于这一概念变化的两个方面:分析师作为一个"真实的人"的在场,以及主体间性(intersubjectivity)视角对治疗关系的影响。

---

❶ Lewis Kirshner 是医学博士,哈佛医学院(Harvard Medical School)精神病学临床教授,哈佛南岸住院医师计划心理动力学培训主任,波士顿精神分析研究所(Boston Psychoanalytic Institute)培训分析师和督导分析师,2010~2011 年在比利时根特大学(University of Ghent)精神分析和临床咨询系担任富布赖特(Fulbright)高级研究学者。

Freud 在《论开始治疗》中主要关注的是为一个成功的分析设定条件，同时耐心地等待，以发现他是否能够恰当地利用这些条件。当然，正如开篇引用的话所显示的，他并不是没有意识到分析师的个人局限性，也不是没有意识到他所致力的那些他喜爱的方法和理论不可避免地影响了工作的性质。今天，我们将更强烈地强调，分析师与患者工作的方式会影响他们之间发生的事情，因此在开始一个分析时，他倾向于重新查明他已经知道和预期的东西。Freud 坚持"分析师有义务通过他自己的深入分析使自己有能力无偏见地接受分析材料"（1926e）[219]，通过这一点来处理这个人为误差。然而，他对于分析师自己的分析的有效性的信心被他的最后申明之一限定，他在申明中提到了他认为是一些分析师的盲点的东西，它们传递了"一种不利于客观调查的气氛"（1937d）[248]。根据这一观察，Freud 提出了每五年要回到分析中一次，这种乌托邦式建议显然是希望维持"精神正常性和正确性"（1937d）[247]的优越状态，他把这看作是令人向往的。他明显希望保持分析过程的科学客观性，而不依赖过程中两个参与者的独特性及其相互交织的移情和反移情，这一愿望似乎很明显。当代，转变的方向是研究分析师的贡献和接受过程的主体间性本质，这代表了处理问题的另一种方式。

分析师作为一个"真实的人"

多年来，精神分析师们试图从对一个客观的、最少自我表露的移情对象的早期理想中解析出他们在治疗中的不同角色和功能。从 Freud 开始，各种类型的移情，甚至"分析师的个体性"被广泛认为在治疗中发挥了作用。Ferenczi 经常被认为是第一个使人们认真关注治疗中的人为误差的人（Szecsödy，2009），但是其他许多影响力很大的分析师也已经讨论过这个主题，其中就包括 Anna Freud。她在评论被广泛阅读的 Leo Stone（1961）的关于扩大精神分析范围的论文时，强调了分析师对待不同患者的不同方式，甚至使用了"真实关系"这一表述，她将此与反移情（A. Freud，1954）区分开来。美国精神分析师 Ralph Greenson 分享并扩展了她的观察结果，或许是因为他在颇具影响力的精神分析教科书（Greenson，1967）中对治疗的非移情方面进行的详细描述，文献中也开始越来越多地提及这些[见 Couch（1999）的综述]。

在与 Milton Wexler 合著的一篇重要文章（Greenson et al.，1969）中，Greenson 描述分析性互动的特征是由三个主要元素构成：移情、工作联盟和真实关系，后者被视为联盟的"核心"。通常情况下，他们努力去定义这些术语，这是一个自明之理和假设的混合体，立即引起了对过于迅速接受一种流行文化模式的质疑。他们将工作联盟定义为"患者与分析师之间的非神经症的、理性的、可推理的融洽关系，这种关系使他能够在分析情境中有目的地工作，尽管他有移情冲动"（Greenson et al.，1969）[28]。真实关系似乎与患者对分析师人格特征的正确认知有关。

当然，像"理性的""合理的"和"真实的"这样的词语可能隐藏了比它们试图宣称的更多的东西——理想的正常性、成功适应和健康。这篇文章还包含了对相关文献的部分回顾，或许最著名的文献是 Esther Menaker 在 1942 年对真实关系的不加修饰的支持，她将其描述为"患者和分析师之间的一种直接的人类关系……是独立于移情的"（Menaker，1942）[172]。就他们这一方而言，作者们主要依靠临床实例来解释他们的观点，而这些案例片段并未丧失其丰富性，证明了 Greenson 提出的分析关系的三个组成部分是如何相互交织在一起的。

Greenson 的提议也是有争议的。在 1979 年，Brenner 评论说，他几乎没有看到有关它们的合理解释；而 Curtis 则发现 Greenson 的概念是有用的，尤其是对神经症范围外的患者（Brenner，1979；Curtis，1979）。Abend（2000）总结了盛行的批评，认为工作联盟的概念未能解决患者的特定幻想，这些幻想是由支撑治疗联盟的临床事务和表达"真实"关系所激发的。我们需要走很远的路来记录所有的细节，但是这场争论和争论的原因是显而易见的：持续地害怕不科学的方法和"现实生活"中的普通人类影响模糊了精神分析的界线，从而使精神分析失去其特异性。同样的解释也适用于那些经常被提及的对以下情形的担忧，包括提供鼓励和支持、使用暗示，或者分享个人经验、日常关系以及许多非分析性治疗中的所有"真实的"部分。直到最近，这些类型的个人互动要么被视为精神分析的不可避免但非主流的方面，正如

Freud 似乎意指的，要么最多也就是被划定为一个重要但独特的技术领域（Lipton，1977）。联盟和关系被分裂为特殊的技术，这可能在一定程度上代表了对早期实践中人为的和不带个人色彩的精神分析风格的反应，它们必须被这些更新的概念抵消。

在关于所谓的真实关系和分析师的主体性的持续争论中，也许利害攸关的依旧是有关分析师角色和治疗行动的特性这两个有争议的概念。特别是，婴儿式的移情神经症的概念在很大程度上独立于可被重建和诠释的分析师的参与，婴儿式的移情神经症这一概念与病因学的概念和精神病理学的医学-科学观点相关联。关注点在于保留一种治疗情境的基本医疗模式，在这种模式中，患者通过科学方法为他/她的神经症寻求帮助。从这个角度来看，从关系和联盟的比较模糊的领域中隔离出一个分析客观性和技术的领域是有意义的。

尽管看起来无可争议的是，分析师作为一个人有自己的生活和历史，这些生活和历史影响着他做每一件事，但分析师也运用一种非指导的模式，这个模式是基于潜意识概念、自由语言表达的重要性以及移情（此处使用移情最广泛的意义，表示指向分析师的愿望或目的，在某种程度上患者对此是未知和渴望的）的。同样，正如 Freud（1913a）所坚持的，他学习到必须在一定程度上掌握自己的反移情。最后，不管是否坚持某个理论，所有的分析师，甚至是最非传统的分析师，都会调整他们的个人存在和自我表达方式，创造出无数常见的分析师-患者二元体版本。因此，精神分析内部关于技术的争论似乎缩减为有关这些不同版本的局限性的一个争论。多少反移情、个人表达和意识形态进入了分析师的工作？

考虑到这一系列议题，我们可能会提出这样一个问题，即坚持 Greenson 的三方区分是否有价值。为什么不简单地承认分析涉及一种包含许多元素的关系，就像每一种关系一样（正如 Greenson 所意指的），并且放弃徒劳地尝试把精神分析中真实的、客观的和理性的东西从移情、神经症或纯粹的幻想中区分出来？似乎更准确的说法是，每个个案都代表了一个独特的由这些元素（以及反移情）组成的混合物，参与者需要尽可能好地厘清这些界线，作为他们共同工作的一部分。也许这种混合物本身就是当代精神分析中移情的最佳定义，即出现在分析互动领域中的感受和期望的独特混合和形态

(Baranger et al., 2008)。

就治疗联盟（及与其紧密相关的工作联盟）而言，显然很难将研究人员已经研究的变量从更广泛的移情视角中分离出来。事实上，这似乎是当前研究的结论，它强调了每个治疗二元体的特异性。Blatt 等人（1996）的数据显示：

> ……如果患者感受治疗师是共情的、关心的、开放的和真诚的，那么治疗结果可以得到促进。但治疗师为实现这一目标而开展的活动的具体维度似乎因患者个人的需求而异。
>
> ……这种联盟的质量不是由治疗方案的程序决定的，而是由治疗师能够与患者建立的关系决定的。

Strupp（2001）从对研究的回顾中得出类似的结论，即每个患者-治疗师二元体都是独特的。同样，Baranger 等人（2008）[806]提出，分析性关系的结构"是两人之间在治疗小节的瞬间形成的单位内创造的东西，与它们各自单独的东西完全不同"。

在阅读关于开始治疗的分析性文献时，很难摆脱这样的印象：极其聪明且经验丰富的临床医生表达自己观点中的合理主张，而没有系统地尝试记录它们。直到最近，可能凭经验解决的问题还没有经过严格的研究调查。然而，在精神分析的内部和外部，治疗联盟的可变性已经是相当多工作的对象。Martin 等人（2000）[438]对这些研究的有影响力的综述与 Blatt 的工作一致，描述了三个共同的主题：①关系的合作性质；②患者和治疗师之间的情感纽带；③患者和治疗师就治疗目标和任务达成一致的能力。很容易认识到，至少，这些条目与移情和反移情密切相关。在这方面，有趣的是，就开始治疗而言，作者们发现，相比临床医生或研究人员，患者在整个工作过程中倾向于更一致地看待联盟（通过不同量表测量）。如果患者对联盟的初始评估是正性的，则他们更可能在治疗终止时也将联盟评估为正性的。此外，研究表明，治疗结果与治疗联盟的相同措施以及所谓的支持性关系变量显著相关［参见 Shedler（2010）对精神分析和精神分析性心理治疗研究的综合综述;Ablon et al., 1998, 1999; Castonguay et al., 1996; Strupp, 2001; Wallerstein, 2000)。"要让治疗开始,分析师在很大程度上依赖于暗示性的影响。"(Levy et al., 2000)[748]被广泛引用的 Menninger 的研究(Wallerstein, 2000)[687]总结认为这甚至是表达性心理治疗和支持性心理治疗之间的根本区别,"虽然它可能定义了治疗活动的两个大致方向,但在实际的实践中,它经常让位于复杂互动和变化的混合方法,在交界区域有同样明显的模糊"。

在这方面,研究已经证实了 Freud 的印象,即分析师在对患者进行准确的初始评估、预测结果,甚至选择最合适的患者方面的能力非常差(Bachrach et al., 1985; Caligor et al., 2009; Kantrowitz, 1993)。研究人员和临床医生对这一结果给出的一个常见解释是,每一个二元体都代表着精神分析原理的一种独特表达,是一种使分析发挥作用的独特方式。Ablon(1994)[315]观察到"分析师有他/她自己的舞蹈风格,但必须学习新伙伴的舞步"。事实上,这种对共同进化过程的强调是几个精神分析实证研究者的结论(Ablon, 2005; Blatt, 2001; Kantrowitz, 1993, 1995, 1997; Strupp, 2001)。

如果"每一种分析关系都具有反映关系独特性的特质,并使其不同于任何其他分析关系"(Viederman, 1991),并且在这种关系中,所谓真实的、合作的和移情的过程实际上是不可分割的,那么这对于开始治疗有什么影响?或许最重要的是,分析师们不需要太担心通过展示个人反应和情感反应会污染潜在移情的无菌领域。Adler(1980)[253]从自体心理学(Self Psychology)的角度断言,边缘性的和自恋性的患者"常常需要知道分析师这个人及其人格,知道分析师是一个对患者有适当兴趣的、关心他人的、热情的,并希望在治疗开始时能有所帮助的人"。但他的说法看起来很可能适用于大多数患者,尤其因为在预备性的心理治疗之后开始分析的情况越来越多了(Caligor et al., 2003)。Dickes 在他的综述(1967)[512]中批评了"分析师被认为本质上是非客体的或非人类的"这一观点。他引用了 Stone 早期的一本书的内容,书中一位同事断言他的患者也会"对一只黄铜猴"发展出同样强烈的移情。在这方面,Caligor 和他的同事们观察到"有一种信念已经减弱了,这种信念就是:为了促进移情的出现,必须隐藏分析师这个人"(2003)[202]。

比起规定一个更好的技术，批评人与移情的错误分离以及由这种区分产生的人为技术要容易得多。尤其是如果每一个案例和二元体创造了一个独一无二的情境，那么，分析师似乎确实必须在与每个患者的互动中重新再学习这门艺术。也许在这方面考虑最周到的评论家是 Viederman（1991，2000），他主张构建一种积极参与的关系，他认为这种关系是"真实的"，尽管他的（关于这一过程的）概念似乎更接近于我所主张的整合性的重点。他强调了分析师的在场的特性，这一术语在文献中有悠久的历史（Balint，1960；Blum，1998；Green，1999b；Kohut，1968；Nacht，1961）：

> 分析师的情感在场，即他对感受和信念的自我表达……充当了情感交流和移情发展的刺激物，这种移情的性质不同于由坚持绝对节制和将诠释作为交流的唯一途径的分析师所诱发的移情的性质……许多分析由于分析师的明显超然而变得毫无结果……并且陷入一种舒适但有距离且无成效的治疗方式中，这种治疗方式经常成为一些特别长的分析的特征。（Viederman，2000）[453]

不管 Viederman 是否对这一职业过于苛刻，重要的一点是成功的分析涉及（满足"匹配度"的）情感强度，这一重要观点似乎已被与"联盟"和关系相关的研究以及临床经验证实。也许共享的情感是使混合物凝聚的黏合剂。出于这个原因，分析师在开始治疗时最好让自己在场，而不是像以前建议的那样不在场。

主体间性

近年来，主体间性这一术语在精神分析著作中出现得越来越频繁。在对 PEP 文献档案的检视中，此术语在 1940 年至 1960 年间的文献中有 2 次被引用，1960 年至 1980 年间有 17 次被引用，1980 年至 2000 年间有 974 次，在 21 世纪的头十年里则有 1193 次！尽管在关系学派中使用主体间性尤为显著，但许多其他理论家也会采用它。主体间性起源于现象学领域，这个概念用于解决两个人之间的互动的复杂性，它由 Jacques Lacan 在他早期的研讨会中首次应用于精神分析实践，但后来被搁置于一边了（1953a，1953-1954）。他强调精神分析的本质是两个说话的主体之间的关系，而不是患者的客体化。这条公理的推论假设是潜意识交流的可能性、合作双方之间的相互影响，以及移情和反移情的交织缠绕。Lacan 看到的问题与我们如何定义主体有关，当然，在这里，我们遇到了一大堆相互冲突的、各式各样的概念。

值得注意的是，不仅在强调治疗的关系维度的分析师的著作中，而且在经典取向的执业者、自体心理学家、婴儿研究者和客体关系理论家的著作中，都大量提及主体间性。因此，Beebe 等人（2003）提出了"主体间性的形式"这一术语。他们的共同之处在于所谓的两人模型，但他们对 Lacan 的假设的反应却大相径庭。大多数人会同意 M. Baranger（1993）的结论，即"分析师的有意识的和潜意识的工作是在一种主体间关系中进行的，在这种关系中，每一个参与者都被另一个参与者定义"。一个主要的关注点是分析师这个人对特定的主体间结构塑形的影响，有时这被称为分析的第三方（Ogden，1994a）或共体（*co-pensée*）（Widlöcher，1996），主要是在此时此地的互动中，在分析师对自己的想法和感受的使用中，以及在他/她对移情的接受性中，倾向于对这种影响进行处理。是否以及如何采用自我披露是一个与此相关的问题。除了对出现在移情中的根深蒂固的婴儿式幻想进行诠释之外，关于分析师和患者之间发生了什么的这一系列问题代表了分析思维的范式转变，但这一转变还远远没有被完成。

尽管我们可以从已发表的记载中看到，主体间性的观点在当代精神分析中的声音渐强，但我们还不能就其对技术的影响得出确定的结论。例如，在开始治疗时，它会起到什么作用？分析师仔细注意他/她自己对患者的主观反应，这点一直是很重要的，但必须通过上面讨论的对此类知觉的不可靠性的认识来调节。另外，由于开始往往会定下基调，或许对这些初始反应进行更仔细的研究可以提供关于所存在的特定冲突和体验的概况以及关于其他领域的模糊性的信息，尤其是分析师自己的阻抗或盲点。如果这种情况对治疗的未来发展可能是至关重要的，那么明智的做法是从一开始就寻找受分析者和分析师之间的共谋和参与的迹象。正是在这里,文字或隐喻所指的"第三方"(无论是督导、一套理论还是同行)是必不可少的。事实上,在任何情况下,我们都应该预料到这些潜意识的过程在起作用。在这里,分析师从最初触及患者对他的看法开始,很好地密切关注患者,患者的看法可能是对分析师的人格、潜意识交流或他不知道的反移情态度和愿望的某些方面做出的反应。

另一个关注点涉及诊断。粗略的诊断特征可能是有辨别价值的,尽管有记录表明该过程并不准确,但在更精细的水平上,像候选人有时会被要求的那样去构建一个详细的解析(formulation)可能是没有意义的。正如我们所看到的,所得出的结论是不可靠的,但是,更重要的是,努力收集数据和使一个正在呈现的肖像完整可能会损害或显著影响发展中的联盟、关系和已经开始形成的移情/反移情的混合体。它向患者暗示,既往病历的结论将为他/她的问题带来明确的答案,并延续其与权威的关系,这可能会阻碍进展。分析关系的这两个方面在任何情况下都可能出现在移情中,而分析师似乎并没有验证和赋予它们实在性(reality)。在这方面,通过对新患者进行评估的方法来传达关于权威知识的信息仍然是当前实践的一个陷阱。

结论

在这篇论文中,我把重点放在分析师这个人和在分析开始时建立的主体间性关系上。我认为,将"真实的关系"、治疗联盟和移情分离为不同的元素有其历史原因,这些原因源自一种愿望,即想要维持分析实践的科学的病因学-治疗模式。我认为,研究和实践反而表明了这些概念领域是不可分割的,并指向了一个分析的独特性模型,在这个模型中,它们形成了每个分析师-患者配对所独有的混合体。这种混合体是由最初的接触产生的、持续相互影响和交互的主体间关系的产物。以这种方式看待精神分析展现了理论和实践中的一个正在顺利进行的范式转变。主体间视角也强调了分析师在场的重要性,与之截然相反的是言语和情感的缺席,尤其是在治疗开始时。作为一个推论,我提出,在一开始时就关注解析和诊断可能只会强化和验证一个关于分析性知识和权威的幻想,而这个幻想与分析工作的目标是相互矛盾的。

一路游向最基本的规则

安东尼诺·费罗（Antonino Ferro）[1]

在精神分析技术的历史上，"基本规则"具有不可估量的重要性，因为它有效地建立了患者必须在其中定位自己的精神环境。"受分析者被要求说出他的所想所感，不选择也不忽略进入他脑海中的东西，即使他看起来对于不得不交流是感到不愉快的"（Laplanche et al., 1967）。

Freud（1913c）的劝告"说出浮现在脑海中的一切"后面跟着一个隐喻，即好像火车上的旅客向他的旅伴描述不断变化的风景，然后是要求真诚，随后是其他一些建议。

我认为，当精神分析产生的时候，其方法在很大程度上还是未知的，它需要有一套条例和简单明确的行为规则，因此，这些建议是绝对必要的。

我记得当我开始作为一个分析师进行工作的时候，我经常给我的患者提供这些建议。然后，这些年来，我越来越简化它们。然而，现在我倾向于不提供这些规则——原因有很多。

---

[1] Antonino Ferro 是意大利精神分析学会（Italian Psychoanalytic Society）的培训分析师和督导分析师，也是 IPA 和 APsaA 的会员。他出版的几本书籍已经被翻译成多种语言，最近的两本是由劳特利奇（Routledge）出版社出版的《心灵的工作》（*Mind Works*）和《避免情绪，留存情绪》（*Avoiding Emotions, Living Emotions*）。2007 年，他获得玛丽·S. 西格妮奖（Mary S. Sigourney Award）。他还担任《国际精神分析杂志》欧洲版（*Europe of the International Journal of Psychoanalysis*）编辑直至 2008 年 9 月，2006 年他当选为分析实践与科学活动委员会（Analytic Practice and Scientific Activities Committee, CAPSA）委员、EPF 项目委员会委员，2007 年他当选为土耳其临时精神分析学会赞助委员会主席。

首先，因为我发现这种方法非常规范；一方面，它是超我的，另一方面，它在很大程度上基于将注意力集中在患者的精神功能运作上（或者更确切地说，基于患者"应该"用以交流的方式）。我现在的立场是，我把患者的精神和交流功能运作看作是由分析师的存在方式和精神态度共同创造的。

我把"自由联想"看作一个（并不总是立即达到的）发展的终点，分析师也对此做出了贡献，因此本文的标题借用了 20 世纪 80 年代流行于意大利的一本关于书写困难的书的标题。

如今，在分析性治疗的第一个小节中，只有当患者长时间沉默或有其他困难时，我才会用不饱和的（unsaturated）"那么……？"这样的干预，或者有时使用的干预是"当然，你可以直接告诉我你想到了什么"，或者有时对一种我觉得已经建立的气氛来进行诠释。

不久前，一位作家（我已经忘记了他的名字）出版了一部汇集世界文学重要小说的所有开篇词或段落的书。著名小说的结尾也被做了类似的汇编（我不记得是否出自同一作者）。

随着分析的发展——这个成果要归功于 Freud 和站在 Freud 肩膀上的分析师们——我认为我们现在可以放弃象棋游戏的隐喻，在象棋游戏中，只有开场和结束的走法才有可能被"系统地描述"。我认为，人们甚至可能会忘记这些走法的"确定性"，因为在我看来，每个分析都可以以自己的方式开始和结束（这也适用于每一个治疗小节，多年来我已经看到，即使在这方面也有各种各样的风格）。

在叙事学中，"百科全书"一词用来指我们所获得的关于文本如何发挥功能的知识的总和。随之而来的是，高度饱和的百科全书会阻止我们共同构建文本，并使我们陷入先前的假设中（最极端的例子就是，在侦探小说中，凶手总是管家），而对"百科全书"和"可能的世界"的不饱和使用开启了无法预见的和意想不到的叙事。当我们交流（或不交流）的方式逐渐成为一个问题时，我宁愿诠释它们，将一些具体的因素记在心里。即，在这个框架内，根据以下因素，将出现不同的发展路线：

➤ 分析师处于"没有记忆和欲望"的状态的能力（Bion，1970），即对即将发生的故事不设预期也不做预测（Freud 间接谈到这一点，他说如果患者是朋友和熟人的孩子，分析就更困难，这意味着某些发展路线已经由先前知道的东西铺设好了）。分析师要使自己处于这种心理状态并不容易，因为我们暴露在许多内部的和外部的压力下，这些压力会显著影响我们选择的方向。

➤ 分析师的消极能力（negative capability）（Bion，1963），换句话说，他去忍受处于 PS 位相（PS position）的能力（如 Bion 所描述的），但只要他能走向一个选定的事实，他就能免于迫害。这就像玩翻绳儿游戏，在那里所形成的图形会根据玩家拉绳子的精确位置而变化。与此密切相关的是分析性倾听的质量，它对所有可能的变化保持开放，我把这些变化描述为"抓紧和投出"（grasping and casting）之间的振荡（Ferro，2008，2009）。"分析师会倾听到什么？" Grotstein（2009）的回答简短而中肯：分析师必须"倾听潜意识"。但是我们如何去构想潜意识呢？如 Freud、Lacan 或 Klein 所描述的吗？当然，这可能是一个很长的题外话的起点，这个题外话是有关 Bion（1962，1992）[以及其他人，从 Grotstein（2007，2009）到 Ogden（1994a，2009）] 如何理解潜意识，以及这种新的概念化会如何彻底改变我们对这个领域的构想方式的（这将在下面被讨论）。

➤ 分析师参与遐思的能力，也就是说，他把由分析情境和分析氛围所产生的感官量值转换成图像的能力（这个话题在别处已经被讨论得太多了，不需要在这里进一步讨论）。

➤ 从一开始就要考虑人物进入治疗小节的不同方式（Ferro，2009）：作为故事中的人物、作为内心世界中的人物，或者作为分析场域所承担的功能的人物全息图（Ferro et al.，2009）。

➤ 分析师对患者的第一次交流给予的诠释性"反应"的类型——口头的、沉默的、行为的、反移情的。当然，这引出了验证诠释这个巨大的问题。这里有两点我想强调一下：Bion（1983，2005）的观点是"患者是最好的同事"，然后是一个总是知道我们心中所想的人；他还认为患者是一个导航系统，它在不知不觉中"梦"到了针对我们的诠释的答案，并不断地给出我们在分析情境中的方位。

简而言之，我并不是说不应该交流"基本规则"，但我想要强调的是，它比我们想的要复杂得多，它的影响也比我们想的要复杂得多，它也没有我们想的那么中立。在某种程度上，它甚至是分析师的愿望和期望的一种"自我披露"。它通常是一个到达点（a point of arrival）；否则，被接受和被尊重的问题体现的是一个关于可分析性标准的严重问题。

这就像一块画布给出了它应该被如何作画的信息。那么，对 Fontana 的画，或者画布在画框内被撕裂的其他画作，或者画框本身"爆炸"的其他画作，我们能做些什么呢？为什么分析应该立即呈现忏悔的感觉，在忏悔中忽略某些自己不准备分享的东西是一种"罪"？例如，如果发生火灾，我们为什么要坐在窗前发表评论呢？如果火焰蔓延到火车或车厢怎么办？如果其中一个乘客拿出枪或刀怎么办？如果一只罗特韦尔犬来了呢？如果一个小偷出现在现场，或者一名乘客死了呢？

我就此打住，但问题清单可能会是无限长的：儿童分析或患有严重（边缘性的、精神病性的等）疾病的患者怎么办？对于依从性好的患者或"变色龙"（Zelig）*患者，应如何处理？还有，我们应该如何看待"绝对真诚的承诺"（它的作用是关闭无限的世界和可能的叙述）？

从根本上来说，这将意味着制定过于严格的规则，给患者的自由表达绑上一层紧身衣，或者至少是一件紧身胸衣，只有在没有被过度规范的情况下，这种自由表达才能继续存在。如果它不是作为一条神圣的规则出现，而是在分析师自由的精神功能运作中出现，或者通过诸如机场免税店这样的隐喻出现，或者如果分析作为一个不用支付费用且允许进行所有游戏的地方，那么情况就会有所不同。

当然，还有关于分析师采用的分析过程模型的问题。例如，如果一个患者被告知了"基本规则"，然后接着说，"我记得我在学校的时候，牧师经常告诉我们如何守规矩"——这是一个打开分析场景的记忆，还是描述了一个觉得自己好像进了一个有特殊行为规则的宗教学校的患者的情绪状态？

---

* 此处以 Allen Stewart Konigsberg 自导自演的电影《变色龙》中主人公的名字 Zelig 代指随环境变化的患者。——译者注。

或者，如果另一位患者说："我记得小时候我憋着大便，我想去厕所，但我去不了。"这是否被视为另一个以其童年起源开始的可能开场，或者该患者是否暗示他目前难以就自己隐瞒的东西进行交流？

或者，如果一个患者在接收到劝告后立即讲述了一个梦，梦中有一只狼在他身后，这让他非常害怕，他怕狼会咬他。这是一个引发他的分析的开始场景（无论如何都会有），还是它描述了他如何体验这种交流——是威胁性的、危险的、令人心碎的吗？

但在哪种意义上，我认为这是一个关于模型的问题？

在一个从 Freud 那里获得灵感的模型中，工作必须在阻抗、潜抑、记忆、创伤事件上进行，人物将拥有高度的历史指称性（referentiality）。关注历史的重建、并行移情（collateral transference）、患者的自由联想以及分析师均匀悬浮注意将是一些主要的用以进入潜意识的工具，特别是通过突发想法（*Einfälle*）。另外，一个借鉴 Bion 理论的模型会以不同的方式看待事物：骚动、感官风暴将被 α 功能（它总是在起作用）转化为系列象形图（α 元素），这将形成"醒着状态的梦境思维"（dream-thought）。分析的目的首先是发展梦境思维，更重要的是开发产生梦境思维的工具（α 功能和♀♂*）。换句话说，最重要的是做梦的合集，既以遐思的形式，也以转化为梦的形式（Ferro，2009），既以梦的形式，也以"说话如做梦"的形式（Ogden，2007）。

从后一个角度来看，这些自由联想不再是自由的，而是被迫的（尽管选择叙事类型的自由依然存在），关于清醒的梦的特定序列的形成，其本身是不可知的，但其衍生物是可知的，尽管是以扭曲的形式（Ferro，2002a，2006）。

另一个关键点是考虑一个模型是单个人的还是关系性的，甚至是一个场模型，其中每个（不一定是拟人化的）人物都描述了分析师的心灵和患者的心灵之间的功能运作，换句话说，是梦的功能运作的一个片段，或更精确地说，是一个衍生物。

---

* ♀♂是 Bion 在他的理论中使用的符号，用于标记涵容关系，是指容器-被容纳物的概念。——译者注

从这个意义上说，这节治疗变成了由两个心灵共享的一个梦，分析师对这个梦贡献了遐思或负的遐思（-R），并扩大或缩小了这个领域。

总之，我的观点是，"基本规则"，即一个人应该触及并交流自己的潜意识的规则，应该是在一个又一个渐次增强的治疗小节中被共同构建并体验的一个到达点。

临床反思

芭比和修女

这是 Roberta 的第一个治疗小节。短暂的沉默之后，她说："我不知道该说什么。"我点头并发出一种声音，这是只有经过长时间分析实践的分析师才会发出的声音，且每次发出声音都带有不同的情感色彩（在这个案例中，我是用它证实我听到了她的话，并邀请她继续）。Roberta 开始将她的第一个人物（我将在稍后查明）引入这个领域，在分析的早期阶段，这些人物将保持相对稳定。然后她谈到了一个和她一起读研究生的同事，一个很有诱惑力的女孩，她会尽一切努力取悦男人——金发、蓝眼睛、跑车。我打断她，只说了一句"有点像芭比娃娃"，此时，我的干预（一种视觉遐思的产物）引出了另一个话题："是的，像一个芭比娃娃，我刚好想到我小时候被禁止玩芭比娃娃。幸运的是，在某个时候，我奶奶给我买了一些，因此我可以玩它们了，尽管我妈妈显然不赞成。"我说："它们是一些无关紧要、毫无意义的东西。"她继续说道："没错，我们必须学习，不断学习，然后发表文章，不断发表文章。"此时，另一个人物出现了（也许是因为我所做的），她可能是芭比的真正对手："是的，在家里，每个人都钦慕我舅妈的姐姐，她在非洲做外科医生，她有医学学位，是外科专业研究生，一生都献给生病的孩子。"

很明显，从一开始，女性气质议题就以不同程度的超我主义（superegoism）被引入这个领域，但也体现在分析提供的可能存在的世界和人物中——从芭比娃娃的世界到非洲的"特蕾莎修女"。

柏树和老虎

开始第一节治疗时，Claudia 躺在躺椅上，并立即陷入了沉默。她进来的时候看起来容光焕发，但后来气氛变得阴暗，就像一朵云遮住了太阳，这是真实地（也是气象学上）在房间里发生的事情。

面对这种长时间的沉默，我说："似乎这个新的位置让你沮丧；正如我们刚才看到的，太阳已经消失了，一切都变暗了。""是的，因为我觉得要讲的悲伤的事情比快乐的多。"（深深地叹息）然后她开始谈论她交往过的一系列男朋友，谈论他们每个人如何暴露了自己的阴暗面，以及这是如何导致每一段关系破裂的。我说："所以它们都是痛苦的事情。""是的，但至少工作上进展顺利。但是，我在初始咨询时没有说的是，我来这里的主要原因是我的心身障碍。"

"它们是怎样的？"

"我对猫和柏树过敏。"（我想知道她是只对猫过敏还是可能对其他猫科动物也过敏；然后我想到柏树：一种对死亡的过敏，这让我更加警觉。）Claudia 继续说道："我有溃疡性结肠炎，这会导致我出血。"（我默默地想，是什么必须被疏散出去并流血？老虎？哀伤？撕裂情感？）然后她继续说道："我还患有乳糜泻。"（所以，注意你的诠释性饮食！）

我说："你害怕如果我被告知这些事情，我会受到惊吓。但现在你有了允许你躺在躺椅上的居留证，你就不怕告诉我了。"

"就是这个词，"她继续说，"受到惊吓才是正确的词。小时候，我总是做关于怪物的噩梦，动物们经常露出爪子和牙齿向我扑过来……"（她继续谈论的东西在我看来是关于疏泄和可能涵容极度痛苦的情绪之间的关系）。这个开始可能不需要什么评论。

Luisa 的混乱

在第一个治疗小节中，Luisa 就像一只受惊的小鹿，但她漂亮且表情甜美。

她一躺下就立刻大哭起来。她滔滔不绝地讲述了她与两个前男友分手的事（我发现自己不得不去涵容这些）——甚至现在，她还是用一种非常悲伤的语气谈论这些经历。然后她告诉我她在瑞士的一个儿童疗养院度过的假期，在那里她感到被驱逐；然后她谈到她的一个患有白血病的姐妹正在接受化疗。

这个故事似乎是围绕着分离和抛弃而展开的——这可能被称为故事的"主要人物"和关键。

故事继续描述了她人生中一段动荡的时期，当时她吸毒、行为放荡、参加类似狂欢的聚会、经常光顾赌场，并陷入了周围的犯罪世界。

在这一点上，Luisa 显然是在谈论兴奋性的和抗抑郁性的防御机制，她过去常常（现在仍然）运用这些机制，将自己从未被消化、未被加工、与被抛弃相关的原始情绪中拯救出来。

她接着描述了自己是如何开始有了一系列被祖父"骚扰"和"虐待"的记忆，祖父曾多次不恰当地触摸过她。

随后，她讲述了她小时候做的一个噩梦，梦里她的母亲被机关枪杀死了。

与"被抛弃"情境相关的原始情感（♂♂♂♂*过多的内容）没有被转化或涵容，因为它们超出了她的代谢能力；它们"打扰""虐待"和"触摸"她。

她接着描述了自己在获得学位后不久如何被一辆汽车撞倒，以及几个月后如何患上一种涉及光过敏的自身免疫性疾病。然后，她用一种比较愉悦的

---

* 该符号指非常多的有待涵容的被容纳物。——译者注。

语气讲述了她长期以来与一群女友共进午餐的习惯,就像《欲望都市》(Sex and the City)中的主角一样。她还描述了其中一个女孩如何总是躲在幕后,尽管她也从别人的盘子里偷食物,而且从不为自己点任何东西。

在这一点上,很明显有一个幽灵,可以被称为一只老虎或一只小鹿,对光过敏,将她撞倒了(她将自己撞倒了)——这是一个极端暴力的幽灵,想用机关枪扫射他们所有人。

幽灵通过从他人的盘子中"啃食"生存下来,但现在需要公开露面。换句话说,所有源于早期"分离和抛弃"的原始情感状态构成了期待被疏散、寻求容器和转化的高于 β 的原始内容(hyper-β protocontents),尽管疏散采取的是"机关枪扫射"的齐发形式。

分析的第一个治疗小节是这些原始情感的"投出"发生的时刻,也是首次尝试对它们进行命名的时刻。故事变成了患者班上一个女孩的故事,她患有一些肿瘤,它们已经产生多个转移瘤。

患者试图接近这个住进儿科肿瘤病房的孩子,在那里她由非常称职和人道的医生治疗。

一方面,积累的 β-元素"转化为一个肿瘤",但与此同时,在它们被讲述的那一刻,它们也转化为梦。

我们有我们可以称之为"抛弃瘤"(abandonoma)或"分离瘤"(separoma)的东西,它等待进一步的转化;而分析是癌症病房,在那里也许有可能治疗这些聚集的 β-元素(Barale et al.,1992)。

在第一个不饱和的诠释——"难以置信,你已经堆积了这么多东西,还不得不兜着它们"——之后,Luisa 开始谈论她所照看的女孩的哥哥以及这个孩子花在穿彩珠做项链上的时间。

在一节又一节的治疗后,现在,我们既有了一个关心他人的人物形象,也有能力去把事物联系起来并制订计划。

β-元素聚集的第一个表现是未分化的(抛弃和凸出的原始情绪)。之后,它在愤怒的"幽灵"中变得更加具体,不再走一条未分化的路径(例如,惊恐发作），而是变得越来越可叙述：幽灵、机枪、愤怒等。

但现在我们看到了一个特殊的临床情境，一个女孩（但也可能是一个成年人）有选择性缄默症，因此"排除了"交流基本规则的可能性。并不是说我们应该这样对待孩子，而是这让我们联系到"那些不能说话，而且很长时间也不会说话的人"。我们只需要想想那些长期隐瞒自己有幻觉这一事实的患者就知道了（Ferro，2003）。

不守信用

这似乎是一个恰当的时机来提出不守信用的患者的问题——Madeleine Baranger（1963）详细讨论了这个问题。

每个患者以自己的方式，在分析的不同阶段都倾向于规避"基本规则"——这都是游戏的一部分。Baranger关注的是那些藐视基本规则和用以逃避规则的手段在本质上更为严重的情况。这些都是不守信用的例子——从这个意义上说，它们是有计划的系统性行为，尽管伴随着不同程度的觉察，但它们会影响分析过程的真诚性和有趣性。

一个可能的例子是，分析师给了患者一个诠释，然后患者回答说这是他们已经知道了很长时间的东西。然而，Baranger不满足于将患者的不守信用解释为一种解离（dissociation）现象（当时分裂机制是非常受关注的焦点）。在讨论了它最明显的特征，即挑战和嘲笑基本规则的愿望后，Baranger从患者想要彻底歪曲分析情境和把分析师削减到虚弱无效的境地这个角度继续诠释了由材料的不真诚性所代表的模棱两可的情况。在Baranger的作品中有一些不同寻常的见解，比如她评论说，对欺骗的觉察程度并不是不守信用的区别性特征；这就好像患者在行使他的解离权，但实际上并没有解离。

在Madeleine Baranger的著作中，不管对分析师来说患者不守信用多么令人不快，它都成为一个极有吸引力的研究主题，一个不断消失的结构，并推进患者欺骗自己和分析师的计划，在诚信和谎言之间的不断摆动中，它还作为患者所寻求的对分析师的全能胜利的一部分。与此同时，患者像Proteus*一样，迅速从一种形式转变为另一种形式，主要是为了逃避自我定义。

在不守信用中，关键的点似乎是一个内在的自我状况：当代的、矛盾的多重身份认同还没有被确定下来，这使受分析者感觉到并代表了不同的人物，却并不知道他到底是谁。（Baranger,1963）[186]

我提到这个议题，是因为它处在真实性和谎言之间的重要十字路口。我们知道这个问题对Bion来说很重要，因为他区分了K和O**，然后对Grotstein来说也很重要，因为这与他的"摆动"概念有关，这个摆动出现在真实性和真实性的不同程度的扭曲之间。是Grotstein（2007）完成了把梦放在网格图的第2栏这一绝妙的越界行为***。

那么对策是什么呢？我认为是"可以忍受的真实性"（tolerable truth）的概念和直视它的行为（Ferro et al., 2007）。我认为Ogden（2007）在他的《论像做梦一样说话》（On Talking as Dreaming）中提出了一个这方面的特别的例子。在这里，无法忍受经典交流方式的患者，在他们几乎不知情的情况下，会逐渐被引导进入一种他们第一次（或几乎是第一次）能够和某人一起做梦的境地。还可以提及的是Victor Hugo的《悲惨世界》（*Les Misérables*）中的Myriel主教所说的著名谎言：Jean Valjean得到了Myriel主教的庇护，然后又偷走了主教的所有银器，当警察逮捕Jean Valjean时，

---

* Proteus是希腊神话中的海神，他经常变化外形使人无法捉到他，因此也用于喻指善变的人。——译者注。

** Bion把人与人的联系简化为L（love，爱）、H（hate，恨）、K（knowledge，知识），他用O来代表终极现实。——译者注。

*** 网格图是Bion所提出的理论概念。网格图由一个横坐标状态轴与纵坐标思想轴构成。——译者注。

主教撒谎了，他告诉警察他把所有东西作为礼物给了 Jean Valjean。换句话说，淡化超我和避免对行为定罪开辟了新的和意想不到的道路。一个人必须能够玩弄谎言。

魔法过滤器：Bion 的贡献和场论

有一个可以用来扩大场域的魔法过滤器。这个主意就是在患者表述的材料之前加上这样的前缀："我做了一个梦，梦中……"这使进一步发展治疗小节的梦样性质成为可能。任何交流都可以作为一个例子。如果一个患者甚至在第一个治疗小节时就说："我和我妻子发生了争执，因为她总是抱怨商店卖给她的水果不好，但她从来不敢抗议。"很明显，可以从许多角度来看待这种情况——并行移情、否定、潜抑的攻击性、回避其他热点话题。通过采用魔法过滤器，很容易将这些理解为"某人从别人那里接收到了不好的东西，但没有勇气去抗议"这一领域的交流。这可能通过对移情的诠释或在移情中诠释引出随后的技术规范。

由此推断，我们基本上应该采取行动，从而使"分析的热气球"在通往新的和更远的观点的道路上逐渐起飞。

许多精神分析师回顾过去发生的事情，以及被潜抑或分裂的东西。从这个意义上说，分析类似于确立已久的循证科学研究的概念。范例是 Sherlock Holmes 和他的"患者"Watson，凭此，"这很简单，我亲爱的 Watson！"（这句话从未出现在 Arthur Conan Doyle 的任何作品中，但常被错误地引用）被代以同样著名的"你告诉我……"。其结果是扭曲了患者的交流，患者看到了被归于他所说的话的不同意义，而这些意义通常来自《意义之书》（*Book of Meanings*）。

相反，很少有精神分析师着眼于未来，换句话说，着眼于通过分析可以创造的新事物，或者着眼于装备了新的思考工具的患者可能会居住的新世界。如果我们把老的西方电影中的四轮马车放在一边，换成新的交通工具，比如进取号星舰（Starship Enterprise），患者能去哪里？他能找到什么？

他会思考和渴望什么（我们和他一起吗）？

或者，如果我们把对内容（分裂或潜抑，无论如何已经被给出了的）的精神分析替换成一种开发做梦/思考/倾听的"工具"的精神分析，会发生什么？换句话说，如果我们注意患者创造力的发展，他会为自己找到/发明什么？

想象这种观点的一种方式是想象一个人被迫一遍又一遍地看"同一部电影"（旧的强迫性重复），然后突然发现自己在一个"多厅影院"中。的确，他可能偶尔受到一些干扰，听到来自他怀疑可能就在附近的房间的噪声，但是他能够在不同房间之间切换，观看以前没有想到过的电影，这不是一件小事。

或许对此更好的说法是：将患者视为一个发现自己导演天赋并学会做梦的人。他梦到的不是被潜抑或被分裂的东西；相反，他通过他能够做梦（始于将所有现在和过去的感官形式转化为图像）来学习创造一个新的、不断扩展的潜意识，它将成为一个不断增加的记忆、幻想和电影短片的贮藏库。一个看向未来的分析与其说像侦探故事，不如说像间谍电影或科幻电影，在这些类型的电影中，我们知道，在此期间如果没有人干扰，可能会发生什么。

心身疾病患者会发生什么？强迫症患者呢？一个有幻觉的患者呢？我们被要求阻止"可预测的东西"发生，并被要求启动一个新的和不可预测的叙述。

站在 Bion 的肩膀上，这些作者已经向前迈出了一步，他们已经概念化了做梦能力的发展，即视其为通向以前不可想象的未来的可能途径。许多作者 [Ogden（2007，2009）、Grotstein（2007，2009）和我（Ferro，2008，2009）] 以各种方式发展了这一思路。

我们都记得那些关于人类面临灾难的电影，例如，一颗小行星可能对地球产生毁灭性的影响。在这里，我们可以将这个"小行星"比作"被冷冻-干燥（或压缩）的原感觉团块"，即原情绪（protoemotions），除非它们被患者或分析师的梦（或场域的梦）转化，否则将对患者的精神生活产生毁灭性的影响。我们会听到强迫症状的故事或精神病性症状的故事，或通过故事胶着来表达症状的故事，这些故事会形成必要的"形状"，使症状产生生命力。无论它是什么，"症状"代表着无法做的"梦"的沉淀。

避免灾难、保护公民、打开新世界、登陆平行宇宙——这些可能是心智发展的新的隐喻。当然，总会有一些逆流而上的东西，一些更重要的东西，但是探索它不会改变命运。

Bion 走向了"O"的主观主义。换句话说，分析工作的问题不在于事件、记忆、潜抑、阻抗；而是以主观的方式构成，在这个方式中，每个人把终极实在（Ultimate Reality）、事实（the Fact）转化为 α 元素、象形图、图形，它们被允许记忆和遗忘。这要归功于执行这一任务的"工具"的发展：这场被称作"分析"的电影恰恰存在于这些促进转化的工具的发展中，这是之前未梦到的体验。Ogden 很好地表述了这点，他说分析和分析师的作用是做患者不能独自做的梦，而且这些梦已经成为症状。

分析场域已经发生了变化：从一个有影响力的概念，即分析师在由分析师和患者之间交叉的投射性认同所形成的盲点/堡垒上进行明确的诠释工作，它已经成为一个不断扩展的潜在空间，在这个空间里，由分析性的相遇而激活的所有可能的世界都可以具有重要性。以前属于一个人或另一个人的东西现在属于场域，因此一个人思考的角度可以是场域的 α 功能、场域中的 β 元素或原情绪骚乱、场域的情感特征/全息图、场域的转化性的和诠释性的活动。

一个人或另一个人的声音的独特性逐渐消失，一个结构苏醒了，预示并实现叙事的转化。

最重要的变化将是用于思考的工具的发展（有时是锻造）。

最近（2009 年），我和 Roberto Basile 一起写道：分析场域由大量真实和虚拟的存在所构成。也许我们可以把它与我们现今所理解的宇宙相比较。

问题的事实是：分析的场域与不可重复的"宇宙"是一致的，这个"宇宙"在每一节治疗开始时苏醒过来，然后在每一节治疗结束时被暂时中止。

这个场域首先由核心人物或主角所占据，但也有配角和临时演员——所有这些人都在不断变换角色。但是人类的（或者甚至非人类的）角色在该场域中是最优先的。我们可以把它和我们在星空中看到的星座做比较。在场域这个地方，我们发现了许多其他现象，其中大多数都是未知的。关于这个场域的一个可能的公理是："大爆炸"和"大塌缩"是每一节治疗的开始和结束时发生的事情。人物角色是先前操作的终结点和结果。

这些人物角色很复杂，并不对应于与他们表面上相似的人。治疗小节中的人物角色是由分析师和患者进行的心理操作的结果，它们描绘了他们的心理功能运作（以及原情绪、情绪、未知方面）。也就是说，它们是分析搭档的精神功能运作的全息图，包括在不同的术语中被称为分裂的或者还不能被思想理解的任何操作。人物角色以"相切"的方式进入治疗小节，然后以"相切"的方式离开；其他人以"相切"的方式进入，并继续成为主角；其他人扮演着关键角色。

从这个顶点开始，患者所说的任何东西都描述了场域的功能。

分析师占据了一个特殊的位置，这个位置可以是最大不对称性中的一方（这里是他负责的），也可以是最大对称性中的一方（在这里，场域的功能运作由分析师和患者共同决定）。

结论

我相信，"基本规则"可以是梦到感知觉性（sensoriality），以便更多地触及我们不断扩大的潜意识，并与之交流。它应该是一个由我们共同构建和体验的到达点，并在渐次增强的一节又一节治疗中使用我们的操作模式，使用患者的模式和场域的模式，而只在事后，我们才能与患者一起认识到这些。

让我们想象一下，在陈述了经典的"基本规则"后，患者 A 说："当我妻子给我要买的东西的清单时，我总是如释重负。"患者 B 说："我无法忍受妻子总是告诉我应该怎么买以及买什么。"谁是对的？

显然没有人是对的——但这是 Pirandello 的《你是对的（如果你这么认为的话）》[*Right You are (if You Think so)*] 所体现的认识和容忍的开始。

埃米如何让弗洛伊德沉默下来进入分析性的倾听

帕特里克·米勒（Patrick Miller）❶

> 当进入甜蜜的寂静思想会话时，
> 我唤起对往事的回忆……（Shakespeare，1966）

在分析中，"沉默的思想"是重复的否定条件，这种重复是在旧的存在方式及思维方式的移情中实现的，"沉默的思想"也是新的存在方式及思维方式最终试探性出现的否定条件。但是，在分析中，沉默的思想很少是甜蜜的，因为它唤起了被潜抑的过去的声音和愤怒、原始的爱和恨、俄狄浦斯的爱和恨。

Freud（1915a［1914］）在他的《移情之爱的观察》（Observations on Transference Love）一文中强调了分析技术的伦理和科学方面，这与普通谈话的常识道德完全不同❷。当移情之爱的声音和愤怒出现在分析阶段，"促使患者去压抑（suppress）、放弃或升华她的本能，不是处理它们的分析方法，而是一种无意义的方法"。它是以恐惧为基础的，这种恐惧不是别的

---

❶ Patrick Miller 是医学博士、IPA 培训分析师和督导分析师、巴黎精神分析研究和培训协会（Société Psychanalytique de Recherche et de Formation，SPRF）会员、C.A.P.S.（普林斯顿）会员，著有《治疗中的精神分析师》（Le Psychanalyste Pendant La Séance）（2001），合著《精神分析师的工作》（Le Travail du Psychanalyste）（2003）、《对误解的精神分析》（La Psychanalyse à l'Epreuve du Malentendu）（2006）、《过去/现在》（Passé/Présent）（2007）。他在巴黎私人执业。

❷ "对我来说，强调普遍接受的道德标准很容易……我能够追溯道德处方的源头，也就是权宜之计。我很高兴能够用对分析技术的考虑来代替道德禁令，而不造成任何结果的改变"（Freud，1915a［1914］）$^{163\text{-}164}$。

东西，而正是分析师对他自己的方法所引发的东西的恐惧，"就好像，在用狡猾的符咒从冥界召唤出一个灵魂之后，不问他任何问题就要把他再次送下去"（1915a［1914］）[164]。

Freud 的这一隐喻是分析伦理学的核心：在这样一个十字路口，一条路是，倾向于在移情和反移情中通过行动去重复，以便不去思考和不去记忆；另一条路是，首先在沉默、思考、情感和言语（speech）中修通心灵连接的能力，使分析师有可能去质疑和诠释。

一方面是"狡猾的符咒"，当然会引人联想到催眠治疗，另一方面是质疑的言论。从行动中重复释放到心灵的修通，沿着这个动力学路径，分析师的沉默的功能是多方面的，并且其价值是变化的。

正如我将进一步阐述的，沉默不是言语的对立面，它是噪声的对立面。而不论是分析师的还是受分析者的分析性言语，都可以使噪声静音。

沉默，被认为是对言语的节制（abstinence），在为展开分析过程创造有利条件方面，沉默本身并不具有价值。分析师的言语缺失到底是有意义的（意义-产生性的）还是无意义的（意义-破坏性的）？这只能从其与分析师心灵中有意识的和潜意识的动力的关系以及与分析语境的关系中推断出来。它可以是一种付诸行动，也可以是付诸行动的暂停（节制和中立）。例如，分析师的言语缺失可以是一种对于想象的理想化技术"规则"的遵从（compliance），其功能是阻止分析师思考分析方法中隐含的基本问题及其与技术的关系。它也可以是一种恐惧症式的回避（avoidance），保护分析师免于去处理存在于分析时刻的性欲的、攻击性的或非心智化的状态。作为一种对回避的合理化，遵从可以与回避一起发挥作用。

因此，关于分析中的沉默和言语之间关系的主要问题之一似乎是语词（words）在分析师的头脑中的功能和价值，以及分析这个独特的患者时对它们的使用。分析的基本规则意味着语言化（verbalisation）的内在行动，也就是说，"用语词表达"的内在行动使沉默的想法落入意识的范围，这种行为导致了精神内部和主体间的各种意想不到的转化。对于 Freud 来说，前意识是事物-呈现（thing-presentations）和语词-呈现（word-presentations）结合在一起的精神区域；在这个区域，语言（language）可以与非语言的潜意识绑在一起。前意识是两个系统之间的一种中介。在分析过程中，分析师和受分析者的头脑中都存在着正在进行的转化矩阵，这些转换矩阵"被庇护"免受有意识的意志、意图和决定的噪声的影响：像一个活的有机体一样，根据自身的规律联结和不联结、去组织和重新组织、进化（参见 Freud 在《论开始治疗》（1913c）中把分析过程比作怀孕的隐喻）。从第一个地形学的视角出发，并把这样一个概念作为分析的"纯金"概念记在头脑中，可以提出一个分析性诠释的模型，这个模型仅仅基于一个无意中强加在分析师头脑中的"规则"，并在治疗中以一种谜似的方式表达出来。遵循这一模型，除了在分析过程中相对较少出现的这种谜似的时刻外，分析师可以一直保持沉默。只有在这些谜似的时刻，才不会出现防御的态度、阻抗和普通谈话中那种非分析性的陈词滥调。

这种模式在很大程度上代表了法国的分析文化，许多最杰出的代表都深受其启发。仅仅描绘关于这种模式在法国精神分析文化中的起源的一些假设，都将占用太多的篇幅。法国人对精神分析的兴趣更多地来自文学界，而非精神病学界。Jacques Lacan 是一位杰出的、年轻的精神科医师，他的导师是伟大的 G. de Clérambault，Lacan 在文学和艺术界非常活跃，尤其在他从事分析工作的 20 世纪 30 年代早期的超现实主义者的圈子中。在下一代分析师中，有一部分人接受过 Lacan 的分析，不管他们是不是精神科医师，很多都对文学、哲学、语言学和艺术非常感兴趣，并且他们是法国分析文化和文学的主要贡献者。这里列举出几位：Michel de M'Uzan、André Green、J. B. Pontalis、Christian David 和 Jean Laplanche。

Jacques Lacan 的影响❶非常重要，但不足以解释法国分析师对文学和哲学

---

❶ 这里有一个例子，在 J. Lacan（1953b）早期但重要的文献《言语和语言在精神分析中的作用和范围》（Fonction et Champ de la Parole et du Langage en Psychanalyse）中，他写了如何将言语和语言的重要性与临床问题和分析性倾听联系起来。（以下是我的翻译。）

"言语实际上是语言的礼物，语言不是非物质的。无论多么不易察觉，它都是一个实体。文字被捕捉在所有吸引主体的身体形象中；它们可以使癔症患者受孕、识别阴茎-嫉妒的客体、代表了在尿道中流动的野心（urethral ambition），或代表了为吝啬的享受而憋着排泄物（欢爽）。

"此外，言语本身可能遭受象征性的损害，完成以患者为主体的想象行为。我们记得，当狼人（Wolfman）意识到名叫 Grouscha 的黄蜂（黄蜂的英文是 wasp）对他实施的象征性惩罚时，黄蜂 Waspe（wasp）的首字母 W 被阉割掉，变成了 S. P. 狼人的首字母。"（1953b）301-302 ["狼人"（Wolfman）是 Freud 的经典案例之一。狼人原名的首字母缩写是 S. P.；狼人小时候的一位仆人名叫 Grouscha。这一段涉及狼人做的一个梦以及在分析中对这个梦的分析。在奥地利德语中"Espe"的发音与"S. P."相同。——译者注。]

中的言语和语言的浓厚兴趣，这使他们能够强调 Freud 发现的精神分析中的这一关键方面。这种兴趣对分析的实施、技术和框架产生了非常不同的影响。Lacan 理论的演变是很有趣的，因为对于一个在分析中如此强调言语和语言的分析师来说，这是如此矛盾。似乎随着时间的推移，他的干预和诠释变得非常稀少，以至于消失和被一种"行动"（有些人会称之为一种被合理化为技术的付诸行动）代替，他称之为"韵节分析"（scansion），其出现在那个时刻，代替了一种可能的诠释，并成为治疗小节的阻断物。奇怪的是，从"说话的行动"到沉默的表现，以及治疗小节时间减少到几乎没有时间，这个转变则由对言语的异化的、想象的力量越来越不信任所证明。在一个著名的隐喻中，Lacan 将分析师的诠释比作禅师对他的学生的当头一棒，并写道，诠释的目的是制造波澜。他强调经济因素的重要性，但他不断否认情感在分析中的重要性的人身上，正如他喜欢数学的符号秩序，这又是一个有趣的悖论。

　　Michel de M'Uzan 用一种强有力的方式，从临床及元心理学的角度，描述了这些特定的分析时刻，我之前将其描述为"谜似的"，当一个图像和/或一句话强加到了分析师的脑海中，它看起来像是一个异物，尽管不可思议，但它要求被表达出来。这些"浮现"只能是长期的前意识修通的结果，为了发展，修通需要一种深层的内在沉默来保护它们免受次级思维过程的干扰（噪声）［见他的开创性文章《反移情与悖论系统》（Contretransfert et système paradoxal）（M'Uzan，1976a）］。这种内在沉默的形式是分析师的大脑经历经济学的和地形学的变化的一个条件，以便用"第三只耳朵"进行倾听，它们也是对他们所暗示的自己的缺席的反映。

　　分析性的沉默与分析师如何处理和使用受分析者的和他自己的语词有关，还与他如何考虑（或不考虑）在他显性的和隐性的理论中语言化的转化性力量有关。分析性的沉默包含在分析的第二个基本规则中，即从不向患者详细阐述，自由浮游或均匀悬浮注意，这适用于分析师。这种被自我应用（self-applied）的规则有效性在治疗小节期间波动很大，受到主要是前意识的精神工作的影响，既由"好的"精神分析性的超我维持，又受到"坏的"超我干扰的撞击，攻击和破坏由精神分析的科学价值置于分析师的自我上的、难以忍受的要求。分析性的沉默也意味着具有一种克服这些攻击的能力，战斗的结果更多地出现在前意识的动态中，而不是在分析师有意识的、自以为是的、"信誉良好"的道德标准中。关于自由浮游注意的规则和分析性沉默之间关系的一个更新的措辞来自 Bion 的建议，即分析师应该没有记忆或欲望地开始每一个新的治疗小节。

当受分析者或分析师在治疗小节中交谈或保持沉默时，语言、语词、言语、沉默和声音（声调、韵律）会一起出现。它们的不同组合出现在无限的表现形式中：从令人窒息的、充满情感的沉默，到一声叹息、一声呜咽、一声哭泣；从绝对清晰表达的、看似缺乏情感但有时却传递给分析师难以承受的情感的强迫性话语，到更具变化的、梦幻的、多义的、开放式的自由联想；预期中的口误看似非常具有"分析性"，但有时口误和沉默更像是断裂，而不是被潜抑的东西或抑制的返回，近乎空白和空虚。由于基本规则的要求，在治疗小节中，语言和言语总是在这点或那点上达到它们的极限。

命名这种极限的一种方式可能是：本我的阻抗，也就是说，在精神和躯体之间的某个极限处，本我拒绝被文明化（civilised）。这是言语和语言被沉默的地方，这是原始思维方式以各种方式呈现它们自己的地方，与在次级思维过程中被思考的程度相比，它们在这个地方被感受和理解得更多，更不用说用语词表达了。这就是精神分析可以帮助取得进展的地方，在那里，也许我们现场所面临的就是 Freud 所说的原初潜抑机制❶。这里具有威胁性的东西不仅是言语和语言的沉默，还有任何表征能力的沉默。这里，精神是一个抵御信息熵的脆弱堤坝。在这些限制中，分析师顽固的、意识形态的"分析性的"沉默与信息熵和死亡本能携手合作。Freud 说过死亡本能在沉默中运作。我们也认为健康的有机体是沉默的有机体。就这一点而言，分析师的意识形态的沉默也可能表现为非常健谈：语词缺乏准确性，只是试图否认在那些致命的界限中正在被体验的事情，就像一个喋喋不休的盒子在发出它主人的声音。从这方面来说，来自分析师的噪声，干扰和堵塞了详细描述正在被体验的东西的可能性，这与我所称的"学派（-ian）综合征"有关：分析师称自己是克莱因学派（Kleinian）、温尼科特学派（Winnicottian）、弗洛伊德学派、比昂学派（Bionian）、拉康学派（Lacanian）等。对精神分析中

---

❶ 而且 Freud 强调，只有当原初潜抑的一些东西已被修正时，分析才能被认为是成功的。

思想演变的一种历史感和视角，极大地提升了分析师的沉默的质量。历史意义感源自：精神分析的历史、分析师的个人历史、他自己个人分析的历史，以及他的分析师的历史，等等。Bion 的关于"饱和的"（saturated）和"不饱和的"（unsaturated）概念有助于思考真正的精神分析性沉默，前提是它们不会成为"学派主义"（-ianisms）。

谈话消灭了（wipes out）

一个患者过来进行初始访谈，坐下来说："我昨晚梦见你了。"我们怎么理解这个开头呢？移情的开始、分析过程的开始，还是开始诠释的可能性？

关于精神分析的开始，我们可以提出同样的问题。它是什么时候开始的？是当 Freud 开始概念化他的元心理学，并为一种声称与催眠有很大不同的方法制定新的原则时；是当他开始幻想一种新的治疗方法，并与他的一些有吸引力的和有诱惑力的女性患者一起去理解时；还是在所谓的分析之前的阶段，当他努力解开歇斯底里症状的谜团，假装运用 Breuer 的方法，但他已经意识到他知道得更多，并且会发现一种更有趣的和有效的认识方式时？

只有事后看来，根据我们对 Freud 后来的概念化的认识，我们才能把他描述自己的观察和体验的方式解读为已经是精神分析性的，这种观察和体验是在努力应用非他自己发明的催眠治疗时得到的。反过来，我们可以观察到，他处理他所面对的谜似的数据的方式正在为即将到来的分析方法和技术奠定基础。

如果我们想进一步理解精神分析性的沉默的特殊性，我们可以回到对 Frau Emmy von N. 的治疗的生动描述，并将其解读为一种新的方法范例，这种新方法可用于研究尚未被理解为移情和反移情的动力中出现的言语、倾听、理解和沉默之间的关系。

Freud 在叙述的开始部分详细描述了他的患者：她的身体特征、她的镇定、她的态度、她的性格，当然还有她的症状。他坚持认为，他发现她在许多方面都很有吸引力，他认为这是一个正性的适应证，表明他可以很好地对她进行工作："（她的）症状和个性让我非常感兴趣，我把我的很大一部分时间花在了她身上，并决心尽我所能地让她康复。"（Freud, 1895d）[48]

她美丽而优雅，有个性，她呈现出"不同寻常的教育程度和智慧"，她在性方面是禁欲的，但有性方面的想法，有时还会有性方面的挑逗，她是不快乐的、神经质的，有贵族气质且富有。她展现出了 Freud 认为的具有吸引力的女性的大部分特质，这些集中在一个人身上，Freud 会发现这些特质以不同的组合体现在他一生中遇到的不同女性身上：Martha、Minna、Lou Salomé、Marie Bonaparte。

当时 Freud 还是一个年轻人，比他的患者小七岁，他刚刚满三十三岁；吸引、欲望、解谜，是他希望治愈 Emmy 的根源❶。正如他在与 Emmy 工作的过程中所阐述的，他对自己的欲望和吸引力的"治疗"，加上他的好学癖以及她推动着他改变，它们成为一个"联合体"，是这个分析性方法的发明过程的核心。一路上，他发现了沉默的功效，并对"噪声"不再期待，这是这场冒险的核心。

Freud 第一次使用"Breuer 的催眠状态下的探索技术"❷，不是作为一个"布鲁伊尔学派的人"（Breuerian），但作为一个立即着手对该方法进行一些修改的叛逆的俄狄浦斯般的对手❸。在临床叙述的过程中，Breuer 在画面中进进出出，在 Emmy 的房间、Emmy 的注意力以及 Freud 的头脑中进进出出。这是 Emmy 和 Freud 的头脑中众多具有穿透力的人物之一。Emmy 对性的穿透表现出惊人的恐惧，而且在另一个更原始的层面上，她似乎不断地成为侵入焦虑（intrusion anxiety）和侵害的受害者（Winnicott）。Freud 正在为他的思想自由而奋斗，显然拒绝遵从 Breuer 的思想渗透，因

---

❶ "我决心尽我所能地让她康复"（Freud, 1895d）[48]。
❷ "这是我第一次尝试使用这种治疗方法"（Freud, 1895d）[48]。
❸ 在接受 Freud 的第一阶段的治疗后，Frau Emmy 去了德国北部的一家疗养院，"根据 Breuer 的愿望，我向负责的理疗师解释了我发现对她有效的修正版催眠疗法"（Freud, 1895d）[78]。

为 Breuer 的思想可能会阻碍他自己思想的出现。在这方面，当 Emmy 移情性地反抗禁令或侵入以及催眠疗法的侵害时，他发现她是一个盟友。

从（以后成为）精神分析的角度来看，使性的噪声和早期创伤性兴奋消声恰恰与"消灭"（wiping out）相反。这是 Freud 叙述中富有意义的矛盾之一。他实际上开始做的事情（与 Emmy 一起发明了一种新方法）与他被认为要去做的事情（运用 Breuer 的催眠疗法）相反。

遵循 Breuer 的方法意味着在患者的催眠状态下与她交谈，并告诉她要从她的脑海中抹去一些在治疗过程中恢复的创伤记忆。Freud 使用不同的隐喻：去消灭、去删除、去熄灭❶。从催眠的角度来看，与患者交谈意味着抹去被唤起的记忆，这与精神分析的立场完全相反。

在这里，我们面临两种相反的方式来处理分析师的"恐惧因素"。一种是通过使用某种"狡猾的符咒"形式的语言，不是抹去创伤记忆的痕迹，而是抹去记住它的路径，这样患者就不会在意识上感受到恐惧。这是一个不要去思考它的禁令。

另一种是唤起痛苦的创伤记忆，以便尽可能多地牢牢记住它与它带来的情感强度，从而增加焦虑，使患者感觉更糟，并冒着治疗中断的风险。这里的分析性沉默与面对精神暴力的能力有关，用语言来探究它，而不是通过语言来消除它。在某种自相矛盾的方式中，精神分析的沉默与处理"声音和暴怒"的能力有关，去处理而不是逃跑或者试图用某种"药物"（medicina）来平息它。从这个意义上说，它更多地与"铁和火"（ferrum and ignis）有关，而不是与"药物"有关❷。

---

❶ "我熄灭了她对这些场景的可塑性记忆""我从她的记忆中抹去""我抹去了所有这些记忆"（Freud，1895d）[58-59]。

❷ "精神分析师知道，他正在与极其易爆的力量工作，他需要像化学家一样谨慎和认真地推进。但是，什么时候化学家们会因为爆炸性物质所固有的危险而被禁止处理爆炸性物质呢？……没有；在医疗实践中，总是有"铁"和"火"与"药物"并存的空间；同样地，如果没有一种严格规范的、不掺水的精神分析，我们将永远无法去处理创伤记忆，为了患者的利益，这种精神分析不怕去处理以及控制最危险的精神冲动"（Freud，1915a［1914］）[170-171]。

沉默、消极能力和女性气质

精神分析的沉默与忍受驱力的暴力有关，不对它起反应，因此暂停行动，探索而不是忽视它，思考它，然后使用语言把它带到一个可理解的水平，激活一个升华的过程而不是释放的过程（用 Bion 的一个更近期的解析来说：涵容带来遐思的能力而不是排空）。

沉默的能力将问题带到了另一个功能运作层面，在这个层面上，驱力刺激没有被压抑，但也没有被释放而得到即刻满足。

Freud 在治疗 Emmy 时，他脑海中浮现出他的高年资同事 Breuer 对 Anna O 的治疗的描述，以及它非常令人不安和麻烦的结局：Breuer 因害怕 Anna 的强烈的情欲性移情（erotic transference）而逃跑了。早在 1889 年，Freud 就已经意识到，他不会回避患者的情欲性诱感，也不会屈服于它。在 1932 年 6 月 2 日写给 Stefan Zweig 的一封信中，他对 Breuer 的态度所作的评判的言语是非常生硬和轻蔑的，他在信中回忆了这一事件：

> 当天晚上，当她的所有症状都已消除后，他（Breuer）再次被叫去看患者，他发现她很混乱，且因腹部的痛性痉挛而扭动。当问她怎么了时，她回答说："现在 B 医生的孩子要出生了！"这时，他手里拿着一把本来可以打开"根源之门"的钥匙，但他把它丢在了地上。尽管他有智慧和天赋，但他的天性中没有浮士德式的东西。被传统的恐惧攫住后，他逃跑了，把患者丢给了一个同事。（Freud,1961）[412-413]

有成就之人（Keats）没有被传统的恐惧攫住，他的消极能力（Bion）在这种情况下相当于精神分析的沉默，使他能够保留、庇护"不知道"（not-knowing）的惊厥性焦虑，等待一个新的想法形成并被诞生出来：

> ……我立刻想到，一个有成就之人需要具备什么样的素质，尤其是在文学方面，而 Shakespeare 正是极其具有这种素质的。我指的是消极能力，也就是说，一个人能够置身于不确定、神秘、怀疑中，没有急躁地去追求事实和原因。（Keats，1970）

很久以后，"子宫里成长中的孩子"成为 Freud 对分析过程展开的隐喻之一，在这一过程中，在第一次施加推动力（授精）之后，分析师坐在后面，等待这个过程像一个发育中的有机体一样自行走向自然的终点❶。在这个例子中，作为分析师的 Freud 认为自己是活跃的、男性的、父性的，受分析者的心灵是女性的、母亲式的接收器，分析的孩子将在接收器里成长，而父亲、母亲则保持沉默。Freud 正在寻找通向"母亲"的钥匙，也在寻找通往女性黑暗大陆的通道。需要三代分析师才能转换这个表征，并将母性和女性特质带入分析师的位置。有趣的是，Winnicott 和 Bion 这两个男人❷至少在他们的作品和概念化中实现了这一点，他们延续并回应了一位母亲——Melanie Klein，她积极地展示了一条通往 Freud 难以概念化的东西的道路，即母亲和婴儿之间充满仇恨的关系中的狂风暴雨。

自 Freud 以来，沉默这个议题一直与女性气质和死亡密切相关，正如在《三个棺材的主题》（The Theme of the Three Caskets）中清楚显示的那样，这篇论文与《论开始治疗》一样写于 1913 年。Winnicott 和 Bion 都阐述了围绕婴儿不可想象的和生物性的对死亡的恐惧体验来构建精神生活的能力，这种恐惧要么被来自原初环境的致命沉默证实，要么被原初客体心灵中

---

❶ "分析师……启动了一个过程，即解决现存的潜抑的过程。他可以监督这个过程，推进它，消除过程中的障碍，毫无疑问，他也可以破坏它的大部分。但总的来说，这个过程一旦开始，它就走自己的路…… 因此，分析师对疾病症状的控制能力可以与男性的性能力相比较。一个男人……也只是启动了一个高度复杂的过程，这个过程由遥远的过去事件决定，结束于孩子与母亲的分离"（Freud，1913c）[130]。

❷ Michel de M'Uzan 就同一主题写了一段有趣的话："像一个女人一样体验性高潮，可能是因为，在充分阐述了他的阉割焦虑之后，他能够接受这种欲望，从而使一个男性分析师能够充分利用他的反移情，甚至在与一个女性患者的分析关系中，他体验自己不仅是一个女人，而且是一个同性恋女人。"（M'Uzan，1976b）[118]

的生取向（life-oriented）的精神加工能力处理和转变。后者虽然是非常活跃的过程，但却是沉默的，就像健康的有机体可以是沉默的一样。Winnicott 描述为原初的母性专注的东西可以导致以下结果：母亲感觉到婴儿的需要，并在婴儿哭泣之前醒来。"在这些关心体贴的语言中，自我的早期建立因此是沉默的"（Winnicott，1956）。在分析师内部，这个原初的关注可以被无声地唤醒。在自我发展和分析过程的最佳情况下，有一个轨迹，从成功的、无声的、对需求的适应——这被称为原初的母性疯狂，到具有独处的能力，在分析中，这种独处能力通过沉默的特定性质表现出来，这种沉默对应于成熟而不是阻抗，并且应该由分析师的沉默来呼应，分析师尊重他的患者的独处能力：

在我们几乎所有的精神分析治疗中，有时独处的能力对患者很重要。临床上，这可以表现为一个沉默的阶段或一节沉默的治疗，并且这种沉默完全不是阻抗的证据，反而是患者某方面的一个成就。也许正是在这里，患者第一次能够独处。（Winnicott，1958c）

沉默的交流伴随着在某人面前独处的能力。

分析性的沉默连同沉默交流的概念会让人想到 Bertram Lewin（1946）阐述的一个概念：梦的屏幕（dream screen）。分析师的沉默与由自由浮游注意在他内部诱发的"梦一般的"状态紧密相关，这是一种自我诱导的催眠。在分析情境中，催眠治疗师的位置在某种程度上发生了反转。在这方面，分析性的沉默可以被认为是分析师在他的分析性"睡眠"中向患者呈现的空白屏幕，是另一种将分析师视为一面镜子的方式。通过这种方式，它也将沉默与"和乳房的原初关系"及"合并入乳房"联系在一起：

一个梦似乎被投射在这个扁平的乳房上——梦的屏幕……梦的屏幕是睡眠本身；它不仅是乳房，也是睡眠或梦的内容，它满足了去睡觉的愿望以及 Freud 所假定的进入做梦状态的愿望。梦的屏幕是睡眠愿望的表征。视觉

内容代表了它的对手，即觉醒的人。空白屏幕是原初的婴儿睡眠的副本。（Lewin，1946）[420]

这是在分析中，沉默最有"营养"的方面。这显然不是一个既定的结果，而是由分析师和受分析者的一种特殊的精神工作所决定的许多状况的短暂结果。如果幸运的话，在一个长程的分析过程中，在我们称之为主体间性的虚拟地形学空间中，这种情况可能会发生几次，这是分析过程中两个主人公共同创造的，但它们都不属于梦幻岛的传统主题（Topos of Neverland）。

我不能回避倾听到最后

Freud 和 Emmy 一起聊了很多，尽管如果淡化地描述的话，Emmy 表现出的问题可以被称为言语障碍。Freud 的记录中写道，在一天两节催眠治疗之外，"我们讨论了每一个主题"。他与她有非常亲密的身体接触，每天为她进行两次全身按摩，并为她提供温水浴。他看起来几乎是完全投入到她的每一个需求中，这看起来确实非常像一种母性的专注和非常积极的行为。但他也与她有如此亲密的、感官的和情欲性的接触，以至于他在"处理爆炸物"的同时也是在玩火。他似乎没有意识到这一点，这并不一定意味着他没有被它唤起性欲。

事实上，他所做的与 Emmy 反复发出的激烈命令完全相反，这些命令由 Emmy "每隔两三分钟"说出来，她变化了声音，就好像是由别人说出来的："别动！——什么都不要说！——别碰我！"

Freud 怀疑她是否产生了某种关于创伤情景的幻觉。我们会想知道：当她说出这句话时，是谁在说话？这句话是说给谁听的？

她是在对一个性骚扰她的男人说话吗？她是在新婚之夜和她丈夫说话吗？这是在身体上和情感上都禁止她接近的母亲的声音吗？这样的声音和措辞是潜抑她自己的对乳房的口欲期食人驱力、口欲期性欲和对吞食小鼠-老鼠-阴茎的强烈欲望吗？这是被令人生畏的俄狄浦斯母亲工具化了的俄狄浦斯父亲的声音吗？它是一个想要禁止她所有的活力和欲望的严厉的超我声音，还是一个由她母亲的各个方面构建而来的母性内在客体的声音？根据Emmy的叙述，Freud（1895d）[49]的描述是："她被小心地抚养长大，但受到一位精力充沛、严厉的母亲的严格管教。"就这一点而言，这也可能是她对她母亲的反叛。"别动：停止过于精力充沛，停止用发狂地触摸我代替抱着我，停止用你不断的'举动'进行侵扰和冲撞。什么都不要说：停止用斥责、责备、责骂和惩罚来骚扰我。别碰我，别打我，别激我。"

Emmy的冲突似乎非常集中在她的嘴、舌头和喉咙周围，阻止了身体的这些相关部位的任何行动，包括说话，并在一定程度上是对她母亲（中风去世后）扭曲的脸的认同。当说话变得不可能时，Emmy变成了一只鸟。她发出一种无法被模仿的"咔哒"声。Freud请他的从事猎人工作的同事识别这种声音，他们告诉他，这种声音的最后一个音符类似于刺山松鸡的鸣叫声，"一种以'噗'的一声和'嘶'的一声结束的滴答声"。刺山松鸡是一种非常大的野生松鸡，很可能出现在"波罗的海庄园"或中欧其他地方的狩猎活动中，Emmy在那些地方"拥有大量的地产"。这种以"噗"和"嘶"的声音结束的咔哒声会不会是交配季节的求爱歌曲的一部分？在这种情况下，Emmy会被认为是一只雄鸟吗？如果Freud成为被追求的女性，那么在Emmy的幻想场景中谁是猎人呢？

在Emmy接受治疗后的某个时候，Freud把保护性的套话语词与忧郁症联系起来，因为他后来在一个"忧郁的女人身上遇到了类似的措辞套话，她努力通过她们的方式来控制她的令人痛苦的想法"（Freud，1895d）[49]。事实上，Emmy的忧郁特征出现在治疗过程中，集中在嘴巴周围，以及对乳房和阴茎的施虐性攻击，并表达在因为伤害Freud而出现的移情性内疚中，最终表达在这种直言不讳的陈述中：我恨我自己。这是刺骨的悔恨。在催眠前，她惊恐地颤抖着："只要想想看，当箱子被打开的时候！一堆老鼠中间有一只死老鼠——一只被啃-咬-过（gn-aw-aw-ed）的老鼠！"（1895d）[51]

两天后，在按摩期间进行自由联想的过程中，不是在催眠状态下，被

"啃-咬-过"的老鼠的牙齿被全部从一个表妹的嘴里拔出来了,"她一脸惊恐地讲述着这个故事,并不断重复着她的保护性措辞套话"（1895d）[56]。Freud 指出,Emmy 正在利用他们看似不受约束和引导的偶然谈话,以她自己的方式采纳这种方法,这种方法不是那么漫无目的的,因为它会以一种非常意想不到的方式引发致病的回忆,"她在没有被要求的情况下把自己的负担卸下了"。

Emmy 遵循她自己的自由交谈的方式,即随机地使用她的嘴巴、嘴唇、喉咙和牙齿,实际上,她正在此时此地的移情中打开她内心世界的口欲暴力。晚上,她表达了内疚,她认为 Freud 可能对她今天早上在按摩时说的话感到恼火。然后,Freud 只注意到她的月经又过早地于今天开始了。由于当时无法在口欲的攻击性和阴道之间建立链接,他继续通过催眠暗示来调节她的月经。治疗师在催眠期间的谈话倾向于抵消在催眠治疗小节前无目的谈话中正在被修通的东西,这是许多例子中的一个。Freud 以催眠治疗师的身份说话,遵守了保护性的措辞套话中的一条禁令：什么都不要说！并用它来让患者沉默以及抹去她的记忆。

然而,同样的措辞套话后来被 Emmy 用来坚定地要求 Freud 闭嘴并让她说话,这因此成为分析性沉默的第一个诱因,从而将 Emmy 的超我和/或母性内在客体中的破坏性的秩序转变成一种解放的工具,在正性移情中建立的深刻信心使这变为可能,正性移情允许她反抗并以建设性的方式利用她的超我力量。它之所以有效是因为 Freud 同意闭嘴。Emmy 的反叛遇到了 Freud 自己的反移情,在那里他发现了他对老同事的方法的反叛,也发现了他对自己的思想和科学理想的反叛。老同事告诉 Freud 保持静止,以便观察正在发生的事情。为了做到这一点,他不得不保持沉默,遵守"消灭"的方法——别动,什么也别说,听着。

这也是可能的,因为 Freud 的知识价值允许他承认自己是错的。在催眠状态下,他经常打断他的患者,停止她的叙述,并继续消灭"忧郁的事情的记忆……仿佛它们从未出现在她的脑海中"（1895d）[61]。他在一份笔记中记录的观察是："在这种情况下,我的能量似乎把我带得太远了。"然后他写道："我现在明白了,我从这次打断中一无所获,我无法逃避倾听她的故事

的每一个细节，直到最后。"（1895d）[61]

还是在同一节治疗中，他让 Emmy 面对他令人发狂的悖论，在他禁止她思考导致她口吃的场景后，他要求她谈论口吃。当 Freud 问她为什么不说出它来自哪里时，她爆发了："为什么不呢？因为我不可以！"她激动而愤怒地说出这些话（1895d）[61]。她非常生气，以至于中断了这节治疗，Freud 服从了，这很可能是精神分析的开端之一。第二天，他们一起进一步推进了这个方法的定义。在她不情愿地说她不知道自己为什么胃疼之后，他让她明天之前记起来。"然后，她用明确抱怨的语气让我不要一直问她这个和那个是从哪里来的，而是让她告诉我她要说什么。我偶然遇到了这个……"（1895d）[61]

分析性的条约被确定了下来，它对分析师的心智有很高的要求：他不能避免倾听到最后（Green，1979）。毕竟，保护性措辞套话已经产生了积极的效果。来自 Emmy 的早期的、俄狄浦斯的超我的破坏性秩序，在主体间的力量游戏中，已经被与 Freud 的保护性俄狄浦斯超我价值观的相遇改变，破坏性秩序以某种方式在如此多的分析方法和框架的定义中继续存在。

牢记 Freud 和 Emmy 相遇的故事，当你阅读《论开始治疗》，在看每一页时，你会不由自主地想到："别动！""什么都不要说！"以及"别碰我！"它们赋予分析性沉默这一特定概念以意义和实质。由于你对 Emmy 和 Freud 的对话记忆犹新，我邀请你读一读下面这个小段落，这些句子都摘自《论开始治疗》，按在原文中的顺序排列：

我将努力收集一些关于开始治疗的规则。它们只是游戏规则，它们的重要性来自它们与游戏总体规划的关系。我认为比较明智的是称这些规则为"建议"，而不是要求对它们进行无条件的接受。几乎全部都是让患者来说，分析师除了绝对必要的解释外不做其他任何解释，从而让患者继续说下去。分析性治疗开始前详尽的初步讨论会产生特别不利的后果，分析师对这些必须有所准备。必须让患者自己来说，并自由选择从何开始。"在我能对你说些什么之前，我必须对你有很多了解；请告诉我有关你自己的一些东西。"

我们什么时候开始与患者交流？过早地交流对症状的解读会导致治疗过早结束。我们的第一次交流应该要有所保留，直到一个强烈的移情被建立起来。

在我们心灵的沉默中，在每一次初始访谈开始时，在每一个新的治疗小节开始时，在 Freud 和 Emmy 的对话中，问题和冲突被复活，我们从中学习。但是，没有人能够提前告诉我们，今天我们将如何在这个新的治疗小节中对这位新患者实施他们的三项建议中的每一项。正如 Emmy 在回答 Freud 的提问时常说的："我不知道。"

导致诠释的工作

罗杰利奥·索斯尼克（Rogelio Sosnik）❶

本篇论文的目的是分享我对构建诠释（interpretation）的思考。诠释是我们作为人类的精神活动的一部分，基于我们需要去理解我们所居住的世界以及贯穿我们一生的体验。作为精神分析师，我们需要完成一项特定的活动，即当我们必须与患者一起发挥作用时，构建诠释。我的第一个问题是：是否有什么特定的东西使一个诠释是精神分析的？如果有，我们如何确定其特异性？为了达到这个目的，我们需要做哪些心理工作？

为了探索这些问题，我将首先概述所涉及的议题，接着评论 Freud 关于这一主题的精神分析思想的演变，然后评论 Wilfred Bion 的贡献。最后，我将追随 Bion，提出我的观点，即诠释工作是共同创造的结果，而不仅仅是分析师的产品。我也将试图证明为什么我会这么认为。

Jorge Canestri 在他的著作《精神分析：从实践到理论》（*Psychoanalysis from Practice to Theory*）（2006）的引言中询问道：

---

❶ Rogelio Sosnik 是布宜诺斯艾利斯精神分析协会（Buenos Aires Psychoanalytic Association）的培训分析师和督导分析师、纽约 Freud 学会（New York Freudian Society）的培训分析师和督导分析师，也是美国精神分析协会（American Psychoanalytic Association）和 IPA 的会员。他曾在阿根廷、乌拉圭、意大利和美国发表论文，研究 Ferenczi 和 Bion 之间的关系、英国学派以及 Bleger 的著作。他在《精神分析的伦理结构》（*Ethical Texture of Psychoanlysis*）杂志上发表了文章，并在美国精神分析协会的会议上共同主持了一个关于死刑的工作坊。多年来，他在美国精神分析协会的会议上主持一个讨论小组，讨论的主题是 Bion 的思想的临床价值。他在纽约私人执业。

当分析师与患者一起工作时，在当代分析开始处理更严重的、边缘的或准精神病患者时，这个问题变得更加相关了，他们的工作是否忠实地反映了他们声称坚持的官方理论？或者他们通常是前意识地整合了来自不同理论的概念，还是创造了新的概念？

考虑到这一点，很难概括出分析师现今如何面对他们的诠释活动以及他们赋予它的与精神分析过程相关的权重。我提出这样一个问题：在分析师的大脑中是否有诞生诠释的地方？如果有，那么他持有的支持这些诠释的理论是什么？由于"临床事实"本身是分析师做出的诠释的结果，并指导着他们的干预，因而我们处于当代精神分析实践的最新研究的核心位置［研究工作由欧洲精神分析联盟（European Psychoanalytic Federation）发起，现在（自2004年起）由 IPA 扩展到其所有区域］。我们希望这项研究能帮助我们恢复这样一种感觉，即我们仍然说着同样的语言，有着共享的意义。

在分析师建立临床设置的许多任务中，组织患者和分析师在其中互动的分析性框架，确定何时以及如何开始他的诠释活动，这是本书围绕展开的 Freud 文章的主题之一——尤其是"建立及言语化诠释"这个具体任务，它是我的这篇文章的主题。在得出一个诠释之前，分析师是否必须完成特定的工作？一旦建立了治疗性交流的基本条件（精神分析框架），分析师的任务就是创造诠释。这构成了他对精神分析过程发展的贡献的核心。

从认识论的角度来看，诠释是分析师在他们的头脑中构建的假设，分析师可能（也可能不）将它们传达给患者，意图是推动治疗小节中的治疗活动，目标是促进心灵的变化。作为假设，诠释是模型构建的一部分，这个模型是分析师在他们的脑海中建立的，涉及他们与患者在一起时的体验，以及患者的精神功能运作。分析师诠释他认为自己所理解的东西，而且他的理解不仅仅是基于他面对的患者的具体问题，还包括来自他的心理理论的观点。因此，一个诠释是有关分析师正在观察的现象的小理论。它反映了创建模型的需要，该模型可以通过描述他在参与临床相遇时所注意到的情况来用言辞表达精神状态。

分析师倾听患者的信息，并将他们的注意力转向这些信息所提供的多种可能性。然后，他们根据自己的技术理论通过做出诠释来进行相应的干预。与他们的技术理论非常相关的是：他们对于分析目的的概念、对于病理学的概念、对于精神变化的过程的概念、对于他们自己在这种变化的发展中所起的作用的概念。通过这种方式，创造和系统阐释诠释成为一个活动，它与分析师对于治疗作用的概念以及哪些元素有助于实现这一目标的概念紧密相关。然而，产生的一个诠释在本质上是一个基于灵感的艺术作品，灵感来自不同层次之间的相互作用，在这些不同层次中，分析师的心灵与患者的心灵产生共鸣，同时吸收它们相互作用产生的刺激。

诠释产生的条件与精神分析框架的两个基本事实（自由联想和移情）以及分析师的活动仅限于口头诠释有关。移情和诠释是精神组织的产物。我们将移情（初级过程）归因于患者，将诠释（次级过程）归因于分析师。然而，我们都知道，反之亦然。患者不断解读分析师对他们的信息的反应，而分析师总是参与到他们自身最深处的初级过程中，对患者的意识的和潜意识的信息做出反应。分析师的精神素质，他/她在处理不同精神状态时的容忍力，也是分析师对精神分析情境的贡献的一部分。

追随 Bion，我认为分析情境是两种人格相遇的地方，意图是通过学习在心灵的不同层面的心理运作来减轻患者所经历的痛苦。这是通过理解在精神分析过程中发展的交流经验而实现的。这种理解具有转化的潜力，给患者的人格中注入了一种新的理解方式，并使患者将获取认识作为一种持续、无止境的学习，这帮助他们面对生活和人际关系的不确定性。

定义分析师在他们的诠释工作中的角色的元心理学场所是什么？诠释与促进精神变化以及进化的知识获取之间的联系是什么？

我要强调的是，对我来说，Freud 以不同的方式构想了分析师的诠释工作，然后我将继续介绍 Bion 在同一主题上的贡献。

接下来，我将进行历史回顾。

Freud 的关于分析师诠释工作的概念

Freud 的关于分析师诠释工作的概念随着他的心理冲突概念和心理结构概念的演变而变化。正如我们所知的，精神分析起源于 Freud 的发现，他将心灵描述为一个容器，它分裂成两个不同的空间：意识和潜意识；这使潜意识组织及其对个人行为和社会领域的影响成为这一新学科的研究对象。诠释的第一个目标是将显性内容翻译成隐性内容，这些隐性内容先是隐含在症状中，后是隐含在自由联想中。

显性内容可以有无限的意义，由此产生的诠释也是无限的。然而，对 Freud 来说，Deutung（诠释）包括寻找一个已经丢失的意义，找回它，并在这样做的时候，带回一种隐藏在显性内容背后的真实感。"症状是可逆的，通过这一程序可能恢复精神连贯性"这个假设，将精神分析诠释从一开始就置于精神分析方法的核心，并使其成为精神分析治疗行动的工具。

分析师的活动显露在 Freud 的描述中，他提到：当试图解决外部的物质现实与内部的潜意识现实之间的冲突时，心灵模型在潜意识、前意识和意识层面运作。随着 Freud 对他在地形学模型和结构模型中描述的精神组织复杂性的理解的发展，他对冲突的理解也发生了变化。这种转化导致了对分析师的任务的重新定义。

当 Freud 确定症状等同于遗忘记忆时，分析师的诠释活动是一个指南，通过跟踪患者的联想的性质和潜抑的动力学来帮助患者召回他们的创伤性记忆。分析师在诠释任务中非常活跃，他们不仅探索症状，还探索冲突——欲望和防御之间的冲突。根据 Freud 的观点，分析师必须具备三个特质，即对潜意识过程的理解、对于"一旦潜抑的记忆被发现则症状就可逆"这种观点的确信，以及对患者的同情。对防御的探索和对欲望客体表征内容的查问是相辅相成的。被潜抑的表征与视觉记忆有关，并在梦的图像中再现。当图像被转换成语言表达时，它开始失去它的力量，"就像一个已经被埋葬的鬼魂"。

在《梦的解析》一书中，Freud（1900a）断言引起诠释的机制与产生梦和症状的机制相同。分析师的诠释始于潜意识工作。他们通过前意识联想导航到意识——详细阐述的最后阶段发生在那里。通过引导患者的注意力转向对"不可摧毁的欲望"所在的精神现实的感知，诠释提供了对记忆的有意识的觉察。

这种对诠释过程的描述在 Dora 这个案例后发生了变化，Freud 发现了移情在症状产生和治愈过程中的核心作用。从现在起，这种症状将由许多被潜抑的表征所决定，关于实现一个愿望的冲突造成了这种症状。分析情境唤醒了被潜抑的欲望，移情是对它们采取行动的工具。通过提供诠释，分析师变成了欲望的鬼魂般的客体，这有助于将力比多能量置换到外部真实的客体上。诠释现在超越了图像和客体表征，聚焦于欲望的动力学。研究的对象现在是婴儿期的性欲及其部分成分。

在分析过程中发生的转化与移情运动有关，而不是与作为变化的主要因素的诠释有关。分析师现在负责维持由分析情境的建立所激发的过程。他们的工作是促进发展这一进程——移情的演变——通过弄清楚哪些驱力与幻想的客体有关，以及阐明阻抗，这些阻抗导致患者对与分析师所表征的幻想客体有关的症状的依附。在他的《论开始治疗》一文中，Freud 警告我们：在患者与分析师建立正性移情之前不要做出诠释。这一警告与他的转变是一致的，他转向质疑将诠释作为一种意识交流的智力方法。移情将情感领域带到了前台，当深思治愈过程时，情感领域成了一个新的被考虑的因素。诠释为患者提供了一个语词表征方式，要想有效，必须与事物表征方式联系起来，这要求患者修通阻抗，这种阻抗表现为试图在与分析师的关系体验中重现过去。

对于患者接受将情感和表征联系起来的诠释的情感意愿，分析师还必须进行内部调适工作。这种内部工作发生在分析师与患者分享体验时的潜意识中，帮助分析师在诠释活动中运用他们的情感鉴赏力和时机感，从而有助于移情逐步发展。Freud 描述说，除了诠释的口头表述之外，有效的因素是分析师运用于精神分析情境的情感方法、他们的沉默、他们的收费方法、他们构建诠释的时机感、他们与患者互动的节奏以及他们设置边界的方式。

还有一个需要考虑的新因素是在诠释构建中情感和言语化的相互作用方式。

现在很清楚的是，诠释不是移情存在的补充，它是对移情本质的基本需求的回应。梦可以被做梦的人诠释；移情避开了患者的意识，只有精神分析师才能解读它，以帮助它逐步发展和改变。根据 Freud 的理论，移情是一种被禁止的欲望的表现，这种欲望无法用语言表达给作为移情对象的人。

当移情出现时，由于分析师意识到分析遭遇的复杂性，反移情也随之产生。现在，分析师的与（他们的）未知的和未解决的冲突相关的局限性影响了他们面对临床情境的方式，扭曲了、（有时）限制了精神分析的疗愈力量。一个新的问题出现了，即分析师对他们自己的人格特质存在盲点。此时建议未来的分析师进行个人分析，因为盲点会降低分析师在临床情境下的效能。

与此同时，通过研究欲望从原初客体置换到另一个客体的关键机制，象征主义理论得到了逐步发展。Freud 在 1916~1917 年写作的《精神分析引论》和 Jones 在 1923 年写作的《象征主义理论》(*The Theory of Symbolism*)展示了精神组织装置是如何从婴儿创造的表征中构建其表征的，这些表征是基于婴儿对其身体感觉和对母亲身体的感知，将在以后被置换到外部客体上。象征化过程是这种兴趣置换能力的基础，也是身体表征和外部感官印象之间联系的中心。在这方面，我要补充的是，分析师在治疗小节中的工作，将他们自己的身体感觉与他们基于（来自患者话语的）感知所形成的图像联系在一起，也与情绪状态联系在一起，是象征性过程的结果，有助于他们构想诠释。

这两个方面——发现分析师的反移情以及他/她的象征性作用，加上疗愈过程演变中移情的经济方面——产生了在治疗行动含义上的范式转变。分析师的任务发生了转变，原先的任务是揭示和言语化被潜抑的记忆，将它们从被潜抑的图像转化为通过新的联想连接而失去其力量的言语表征，现在的任务是通过分析师的诠释将患者的注意力引向分析情境中发生的移情运动，以使它们脱离错误的联系；现在的目标是让患者更加了解其幻想生活以及它从婴儿期经过儿童期直至现在的演变情况。

Freud 从心灵的地形学模型转向心理结构模型，将俄狄浦斯场景置于心理组织的中心，他把这种结构模型描述为是由三个代理组成的且它们之间存在着冲突，这时，我们遇到了一个新的诠释角色。对于分析师的任务-重复强迫（task-repetition compulsion）两个旧的概念变得很关键，它们是生本能（life instinct）与死亡本能（death instinct）之间冲突的表现，以及从自恋的客体关系到成熟的、完整的客体关系的认同过程。

因此，客体关系的发展将带来自我和超我结构的分化，分析师通过跟踪和提供强迫重复的意义，将这种发展追溯到其最早的阶段。此外，他们的诠释将有助于建立或重建已经失去或从未建立的联结。通过这种方式，人格的分裂的方面将被重新整合起来。此外，通过追溯患者的客体关系的历史，分析师通过将患者的过去从当前关系中分离出去，重建患者的过去。通过内省力来扩展意识，有助于患者区分外部的和内部的现实，并从构成日常生活的情感体验中创造意义。

在 Freud 引入心理结构模型后，模型中包含的两个假设——死亡本能作为本我的一部分及其在精神分析治疗的发展中的地位，以及早期客体关系在焦虑状态的出现和发展、自我和超我的出现和发展中所起的作用——成为精神分析运动中一个主要裂痕的中心。接受死亡本能是一种精神原则而不是欲望，在精神功能运作理论中引入了一种消极性（a negative），以及早期自我的组织是由两种基本倾向之间的冲突所决定的，这两种倾向围绕着自恋的客体关系和整体的客体关系，这两点在支持和反对这些假设的人之间造成了分裂。这种分裂的结果与诠释的"层级"以及分析师能走多远有关。"深层"诠释考虑到最早的客体关系、对攻击性的接受、焦虑状态底部的破坏性以及分析师作为原初客体的作用，关于这种诠释的讨论也是争议的点。

有一个议题拓宽和重新定义了分析师的工作，它是发生于 20 世纪 50 年代的在理解反移情方面的进步，因为它本身是对临床情境研究的补充，包括分析师对临床材料的反应，这些临床材料是我们检视精神分析这个专业领域时必须要研究的。分析师的心灵成为对分析情境的研究的一部分，这在某种程度上超越了 Freud 关于分析场域如何构成的概念。

以上所有这些都促使我们考虑分析师在从当代视角处理工作时所面临的

复杂性。我们在理解早期精神状态上的进展、对精神病性焦虑和病理学以及边缘性病例的理解、对性取向的重新考虑和对变态的重新定义，所有这些发展都源于后弗洛伊德学派对精神分析实践的研究，它们扩大了治疗行动的领域。新病理的并入引发了创建新模型的需要，新模型可能有助于分析师完成他们的任务。当这些新模型被分析学界接受和使用时，它们成为"官方"理论的一部分。其中的一个模型是由 Melanie Klein 引入的"投射性认同"这一概念，该概念如今以不同的临床和理论内涵被应用着。

Klein 是最先在儿童临床实践中使用"死亡本能"概念的分析师之一，她通过在对幼儿的分析中探索心灵的工作方式，开辟了一条研究心灵工作方式的新路线。她关于最早的客体关系是如何建立的推测，是在她探索潜意识幻想的性质和功能之后提出的。她关于基本焦虑如何影响早期自我的研究、她对早期自我的防御机制的描述，也就是她的分裂-偏执位相（schizo-paranoid position）和抑郁位相（depressive position）的理论，从生本能和死亡本能如何相互作用的角度组成了一个新的心灵经济学的视角。

Bion 对分析性方法的见解

至此，我会谈到 Wilfred Bion，他的思想已经超出了克莱因学派的圈子，这是第一个受他影响的圈子，Bion 通过为精神分析性方法提供新的见解而帮助改进了对治疗小节的处理方法。美国和法国的一些精神分析师已经将它们合并在一起，它们也在南美洲产生了巨大的影响。

在他的认识论方法中，"从情感体验中学习"的过程是人格发展的核心，他把知道（knowing）的过程，他的 K 链接（K link），作为分析性体验的中枢。

与 Freud 不同的是，Bion 将他的注意力集中在意义的创造以什么方式由情感体验演变而来，并将分析性的治疗小节作为探索这一过程的场所。

在他关于精神组织装置的工作的元心理学延伸中，Bion 聚焦于精神组织的早期阶段，以及它涉及思维过程和想法演化的变迁——从基本经验行为的萌芽状态到成熟并形成概念、抽象和模型。他认为思考是从先于它的想法中发展出来的，他把思考的组织装置描述为一个容器，在这个容器中想法可以从一种胚胎状态、α 功能发展到抽象思维的复杂水平。他提供了一个模型，该模型诞生自他与精神病患者的工作，他注意到，当环境不接受精神病患者通过投射性认同发送的无组织的原始信息时，环境在精神病患者内部产生了有害影响。由此，他创立了一个最早的母婴关系模型，他把"知道的需要"（the need to know）纳入关系模型中，认为它和被喂养的需要一样重要。他假设，如果在婴儿无组织的、焦虑的信息和母亲能够通过使用直觉的认识（遐思）将它们转化为被调整了的焦虑状态之间存在着对应关系，那么使婴儿的心灵变得有组织且能在意识的和潜意识的两个不同层次上工作的条件就被建立起来了。

Freud 对这样一个事实很感兴趣，即精神表征被转化为躯体的损伤，通过分析工作揭示被潜抑的想法，躯体损伤成为患者思维过程的一部分，从而导致症状消退。相反，Bion 感兴趣的是精神病患者对于被分析的体验的归因的意义，因为憎恨、对他们自身精神能力的攻击以及对分析师的心灵的攻击，是他们的病理学的核心。自我所依赖的现实原则处于不断"演化"和发展的过程中。精神病患者在接受内在的和外在的现实方面的困难，取决于对挫折的接受性和遭受的精神痛苦，这由精神"力量"的有限性所决定，也是基于对全能的使用，这些困难就是现实原则"演化"的展示。记忆、欲望和理解依赖于快乐原则；与之相反，对引入"O"（即未知的东西）的需要，属于对引入"现实"或"在其本身中的事物"的需要，超出了领悟力和理解力，是对思维过程中未来发展矩阵的一种否定。这打开了直觉的大门，在理解超越意义和含义的"现实"方面，直觉作为一个器官起着重要的作用。

在 Bion 发展的关于思想产生方式和思维装置组织方式的方面，对精神痛苦和欲望受挫的忍受处于核心位置，考虑到 Freud 确立的快乐原则和现实原则之间的动力学，Bion 从未背离过 Freud。他对最早的母婴互动中投射性认同运作方面的见解提供了一个模型，用以概念化分析情境，在某种程度上，这个情境包括了患者和分析师在不同精神状态之间反复来回移动。此外，他关于心灵工作的假设为分析师提供了如何面对他们的任务的新建议。Bion 的模型将心灵的工作视为类似于消化系统，因为心灵将基本焦虑（PS-D，偏执分裂性焦虑-抑郁性焦虑）代谢并转化为情绪状态（L、H、K），当事情进展顺利时，会将不同层次的想法和意义链接和联系起来。

对我来说，我把分析情境看作两个人格之间的相遇，这将在他们之间产生一个代谢器官，Bion 称之为容器-被涵容（container-contained），目的是通过扰乱先前的精神平衡来抱持具有破坏特质的新想法，这样它们就可以成长并扩展患者通向内在的和外在的现实的方法，同时将基本的焦虑转化为情绪状态：L、H、K 链接。

这种方法有助于我们将分析师在治疗小节中的心理功能和工作理解为一直在演化的早期体验的组织者，并且需要完成对他所沉浸的体验进行诠释的任务。为了达到这个境地，分析师必须练习他们的"消极能力"，也就是以一种精神开放的状态参与治疗小节的能力，没有先入之见，从而对未知乐于接受。Bion 的格言是，在"没有记忆、欲望和理解"的情况下进入治疗小节，以面对在治疗小节中将要出现的未知，并到达受分析者和分析师正在共享的精神状态，这是精神分析师的工作的基础，也是使真正的精神分析可以展开的基础。

现在，我将引用 Bion（1992）[287-288]的话来澄清这一点："精神分析师的工具是一种哲学式怀疑的态度；保持这种'怀疑'是精神分析可以建立的首要基础。"这种态度要求分析师放弃医学模式，在这种模式中，对治愈的追求，如同任何其他欲望一样，会阻碍他面对治疗小节中的现实的能力，这存在于正在演化的体验的未知之中，即治疗小节中的"O"。

用 Bion 的话来说，"医生和精神分析师都认为疾病应该由医生来识别；在精神分析中，患者也必须承认这一点"。

医生依赖于对感官体验的认识，这与精神分析师相反，后者依赖于非感官的体验。医生可以看、摸、闻。精神分析师所处理的认识是看不见或摸不着的：焦虑没有形状、颜色、气味或声音。方便起见，我提议在精神分析师

的领域中使用"直觉"（intuit）这个术语，与医生使用的"看""摸""闻"和"听"类似。(Bion，1970)[7]

现在，我将引用 Bleandonu 和 Bion 的话，它们帮助我描述了分析师在治疗小节中必须达到的精神状态，以便促进精神的演化：

分析师对他的患者的反应会更加微妙，因为他不太受感官数据的束缚。他越想得到精确的诠释，就越难以用感官印象来描述一种精神状态。（Bleandonu，1994）[216]

患者的联想和分析师的诠释是不可言喻的、基本的体验。（Bion，1987）[122]

精神病患者对一个诠释的反应通常更聚焦于交流中不可言喻的方面，而不是其语言意义。（Bleandonu，1994）[216]

就分析实践而言，这意味着分析师用他的感官去"知道"受分析者所说的或所做的，但他不会知道"O"，即哪些言辞或行为被转化了。（Bleandonu，1994）[216]

他越关注实际的事件，他的活动就越依赖于思维，而思维来自感官数据的背景。相反，分析师越真实，他就越能融入受分析者的现实。然后，他有机会做出诠释，这有助于"知道现实"和"成为现实"之间的转化。（Bleandonu，1994）[221]

Bion 将记忆的起源定位在投射性认同的过程中，他认为这是一种心理机制，在思维能够负责某些任务之前，它执行这些任务。与之比较，Freud 将记忆痕迹描述为心理结构的组织者，我们可以理解分析师在接受他的元心理学扩展时所面临的困难。投射性认同在容器和被涵容物之间创造了一种交换。当快乐原则在运转时，被涵容物被疏散出去，以便被转化为令人愉快的事物，或者使个体体验到被涵容的快乐。出于互补的原因，容器吸收疏散物；它可以选择接收或拒绝。这是一个理解记忆是被保留还是被遗忘的模型。此外，记忆保留了感官起源的局限性。记忆积累得越多，就越充满饱和的元素。记忆与欲望一起运作，它们共享一个起源——都来自感官体验以及来自快乐和痛苦的感受。要让自己沉浸在记忆或欲望中，需要完全的饱和。先入之见被排除在外，新的意义无法产生，因为它没有精神空间，记忆和欲望占据了一个应该保持不饱和状态的精神空间。当分析师变得沉浸其中时，会体验到一种虚幻的安全感，但他们会失去与"O"融为一体的能力，"O"即最终现实。在《注意力和诠释》（*Attention and Interpretation*）一书中，"记忆和欲望的不透明性"是其中一章的标题，也是 Bion 概念化精神分析中的"阻抗"的方式。精神病患者会刺激分析师的记忆和欲望。对感官体验的排除取代了处于中心舞台的快乐原则，并将现实原则重新整合到分析工作中。然而，这种将记忆、欲望和理解排除在分析师精神活动之外的做法本身就是一种痛苦的做法，因为分析师将面临通常被社会习俗排斥或掩盖的痛苦情绪。这种做法的目的是扩大精神状态的新层级中的观察和参与力量，否则这个目的无法达成。分析师的基本态度必须是一种哲学式怀疑的状态，以及相信"O"的演化会发生并将被增强的直觉捕捉到。当体验和体验背后的理论发生交集时，这种捕捉将导致"正确的诠释"。

Bion 描述了必然发生在分析师的心灵中的精神运动，它沿着通往一个诠释的路径前进，他提到需要穿越两种精神状态，一种被他称为"耐心"（patience），另一种则被称为"安全"（security）。

在每一个治疗小节中，如果精神分析师遵循我在这本书里所说的，特别是关于记忆和欲望的内容，他应该能够意识到材料的某些方面与他和受分析者所不知道的东西有关，不论它们看起来是多么熟悉。为了达到一种类似于偏执-分裂位相的精神状态，任何固守他所知道的东西的企图必须被抵制。对于这种状态，我创造了术语"耐心"，以将其与"偏执-分裂位相"区分开来，后者应留待描述 Melanie Klein（使用它）所描述的病理状态。我使用这个术语，以保留它与痛苦和忍受挫折之间的联系。

应该保留"耐心"，而不是"急躁地追逐事实和理由"，直到一种模式演化出来。这种状态类似于 Melanie Klein 所称的抑郁位相。对于这种状态，我使用术语"安全"。对此我想说的是这种状态与安全以及减轻的焦虑之间的关系。我认为，没有一个分析师有权认为他已经完成了给出诠释所需的工作，除非他已经经历了"耐心"和"安全"这两个阶段。(Bion，1970)[124]

此时此刻，在结束本篇论文之前，我想提供 Bion 对分析师在治疗小节中的体验的描述，因为它与我的主题非常接近，分析师的工作会导致一个诠释。

我应该解释一下，我认为精神分析师尽可能多地观察和吸收受分析者的材料的能力是非常重要的，原因如下：

1. 这将使他能够结合他所听到的和他已经从患者那里体验到的东西，以在实际的治疗小节中给出一个即时诠释。

2. 与此同时，他将观察到一些他无法理解的特征，但在以后的阶段，这些特征将有助于理解即将到来的材料。

3. 还有一些其他因素，分析师甚至不会意识到，但这些因素会积累成一份经验储备，在适当的时候会影响他在特定情况下对患者材料的有意识的看法。

虽然理由1明显导致了有效的诠释，但不如理由2和理由3重要，因为诠释只是给已经完成的工作盖上一个正式的印记，因此不再重要。

理由2非常重要，因为它是分析的整体可行性所依赖的动力学和持续过程的一部分。精神分析师对这些印象越开放，他就越准备好参与分析的演化。

理由3虽然更为遥远，但是它确保了整个分析过程的长期生命力。简而言之，精神分析师越是能够进行我在这里渴望的那种观察，他就越不可能陷入术语废话中，并且分析将越接近于一种可识别的、与一个真实人类相关的独特情感体验，而不是一种精神病理学机制的集合物。(Bion，1992)[287-288]

在这里，Bion 谈论的是，精神分析师的心灵不仅创造诠释，而且参与整个精神分析过程的发展，他也谈论了分析师的整体人格在多大程度上与这个过程的结果有关。

结论

在这篇论文的开始，我提出了一个问题，即什么是精神分析诠释的特殊性、性质和功能。我是从 Bion 的元心理学的角度来回答这个问题的，他给了我们一个对治疗行动的精练洞察。

这种诠释是一个转化过程的结果，这个转变过程发生在分析师的心灵中且脱离了构成患者信息的不相关联的元素，这些元素是分裂-偏执位相的一部分。通过对信息的这一方面持开放态度，分析师借由 α 功能发现了一个选定的事实，也就是一个提供连贯性的元素，这种连贯性在患者发出的信息的千变万化的性质中组织起一种情感模式。这种情感模式、被选定的事实，当被用语言表述出来时，构成了一个由分析师解析出来的假设，如果这个被选定的事实接近假设所包含的精神真实性，那么患者和精神分析师都会发现这个假设的意义。此外，诠释也构成了一个客体，一个精神分析性的客体，可以被拒绝或接受、内射，然后符合患者的人格和他的"成长"（becoming）的一个方面。

被选定的事实、创造假设和被内射的客体是精神分析诠释发挥作用并有助于扩展精神功能的三个心理层面。

通过这种方式，我们可以在诠释的三个认识论层面来理解诠释，这三个层面是：与获得了解相关的信息层面——情感性的知道；与创造新意义的需要相关的语义层面——假设的形成；作为一个客体被内射的操作的、工具的层面，它们将扩展自我的能力以及整体的人格。

在必须讨论关于诠释的分析师工作的主题时，我选择了提及两个特殊的人物，在我看来，他们发展理论的背景相同，精神分析在他们的研究方法中所拥有的与疗愈过程结合在一起的转化性质也是相同的。我从 Freud 开始讨论，他是精神分析的发明者，根据 Bion 的说法，他是一个天才，他打开了研究精神领域的新宇宙，他通过给我们提供一个工具——分析活动，打开了一扇通往对人类状况的新的理解的大门。然后我提到了 Bion，他遵循 Freud 的方法，将新的见解纳入精神活动的早期阶段，利用他对临床情况的扩展的直觉，并创造了新的理论工具来支持他的直觉，以达到对精神活动进行描述的水平，这接近当前神经科学研究的发现。在 Freud 和 Bion 之间，精神分析实践和理论的发展过去了半个世纪。对于一门新科学被建立和接受的过程来说，这是一个短暂的时期，但足以让我们有机会欣赏精神分析研究的结果，以及在理解早期精神状态和与早期困难相关的病理学方面的进展。

Freud 的文章曾警告我们不要将这些患者纳入分析，以维护精神分析及其对公众的承诺。

相比之下，Bion 启发了我们的进一步思索。

我希望我的讨论会对读者有用，并鼓励读者继续追求新的发现，这一任务最终是精神分析活动的核心目标。

诠释的功能：两个寻找意义的角色❶

爱丽丝·贝克尔·列维科维奇（Alice Becker Lewkowicz）❷
塞尔吉奥·列维科维奇（Sergio Lewkowicz）❸

措辞！措辞！仿佛没有一份能适用于所有人的安慰，
面对一个我们无法解释的事实，
面对一个吞噬我们的恶魔，
去寻找一个没有任何意义
但能让我们平静下来的词！（Luigi Pirandello，1922）

在1913年的《论开始治疗》一文中，尽管Freud的建议似乎仅限于分析性游戏的开始，但我们认为在这部作品中，Freud对当时使用的分析技术

---

❶ 在2011年9月于里贝朗普雷图（Ribeirö Preto）举行的巴西精神分析大会期间，本论文的一个稍加修改的版本获得了巴西精神分析联合会颁发的法比奥·雷特·洛博奖（Fábio Leite Lobo Prize）（国际精神分析协会正式成员的最佳论文）。本文由Tania Mara Zalcberg翻译。

❷ Alice Becker Lewkowicz是成人、儿童和青少年精神科医师，也是阿雷格里港精神分析学会（Porto Alegre Psychoanalytical Society，SPPA）的准会员，在该学会中，她与社区工作人员，尤其是幼儿教师一起开展活动。她是巴西南里奥格兰德联邦大学医学院（Medical School of the Federal University of Rio Grande do Sul）精神病学系的儿童和青少年精神分析心理治疗教授和督导师。

❸ Sergio Lewkowicz是阿雷格里港精神分析学会的精神病学家、培训分析师和督导分析师，目前任职为该学会的培训主任。他是巴西南里奥格兰德联邦大学医学院精神病学系精神分析心理治疗学教授和督导师，也是新奥尔良第43届IPA大会规划委员会委员（2004年）。他曾是IPA出版委员会委员（2001~2009年）、《南里奥格兰德精神病学杂志》（Psychiatry Journal of Rio Grande do Sul）前编辑，他也是南里奥格兰德精神病学协会（Psychiatry Association of Rio Grande do Sul）前主席。他出版以及合著的论文和书籍是关于精神分析技术和理论的。

进行了广泛而深刻的修正。从与治疗协议相关的问题到设置的建立，他对诠释进行了研究并得出了在分析中治愈的机制。这可能是 Freud 在精神分析技术这个主题中投入最多的工作。这篇论文从备受称赞的国际象棋游戏这个比喻开始——"只有对开始和结束时的棋局，才有详尽、系统的说明"（Freud，1913c）。在他对精神分析技术的评论中，他提出了一些至今仍存疑的问题。

Freud 当时关注的是什么？为什么他会对精神分析的技术程序如此感兴趣？Peter Gay 认为，Freud 写于 1910 年至 1914 年的关于技术的著作应该是对滥用野生技术的一个回应，这种野生技术经常出现在基于草率诊断的过早诠释中，只会增加患者的阻抗（Gay，1988）。Freud 当时主要关注的不仅是准确的诊断，还包括日益严重的技术错误。因此，他决定写一系列关于精神分析技术的论文，基于他认为必不可少的伦理原则，意图界定他认为更适合那个时候的（他的）心灵与治疗模型的技术程序。从这个意义上说，我们认为，导致分析师对他们的女性患者发生性的付诸行动的移情-反移情联结，尤其可能对于他写作这些论文的动机有所贡献。

Freud 当时基本上是全神贯注于使潜意识意识化，这是他在那时的治疗技术。治疗的目的是揭示患者潜意识隐藏的想法，从而使患者能够回忆起其过去重要的经历。Freud 已经观察到移情是回想过去记忆的最重要的方式，但同时也是对它的主要阻抗（Freud，1913c）。甚至在后来对精神分析的发展中，如在"本我"让位于"自我"的思想（Freud，1923b）中，或在分析的建构（1937d）中，Freud 描述了一个主动的、客观的分析师，这个分析师几乎总是知道他❶在考古任务中会发现什么。

目前，我们观察到这一概念发生了深刻的变化，因为我们假设，要想理解人类是什么：

---

❶ 这里使用男性代词是为了提高简洁性和可读性，并不是为了以这种方式反映所提到的人的实际性别。

……有必要欣赏那些不连续的碎片，那是无法从外部控制的东西。现代性的范式和精神分析学诞生的时代，也许决定性地影响了我们对于任务的概念，这个任务就是专注于解谜。这弥合了不一致的裂隙。然而，重要的是要意识到，这种弥合旨在促成圆满（roundness）；这个无误且毫无疑问的记忆对我们这个时代的目标可能是极具破坏性的。因为它是通过"中间"（between）的空间，也是通过生命散发出来的"……这个未破译的符号"，指向未解决的不一致，指向未知的、活着的、开放的且未破译的也不可破译的空间。（Moreno，2010）[29]

回到 1913 年的论文，Freud 在文中介绍了诠释的具体问题，他写道：

我们什么时候开始与患者交流？什么时候向他揭示出现在他头脑中的想法的隐含意义？什么时候向他提出分析的假设和技术程序？

这个问题的答案只能是：直到在患者内心已经建立了有效的移情，即（医生）与他之间形成了适当的融洽关系时。治疗的首要目的仍然是将他与治疗、医生本人联系在一起。为了确保这一点，我们不需要做什么，除了给他时间。（Freud，1913c）[139]

最初，我们被原始德语版本中使用的"融洽关系"一词震惊，我们确认这个词在英语、法语和葡萄牙语版本中也被保留下来了。我们认为 Freud 在这个语境下将"有效的移情"等同于建立情感亲和力、一种相互信任的关系、一种"两人"的相遇（Robert dictionnaire，1988）、接近性、联盟、链接，以及"一个非常理解彼此的亲密关系"（Oxford English Dictionary，1995）[963]。

关于建立融洽的关系，我们完全同意 1913 年论文中的假设，但是我们认为仅仅让时间流逝并有一份"同情性的理解"是不够的（1913c）[138]。我们认为，这一过程的基础是与患者一起去创造真实情感体验的可能性，为此，我们必须在治疗小节中接近分析师-患者这一配对体的当前情感状态。我们知道，这种融洽是在分析师和患者的强烈精神活动的作用下建立起来的，是在他们从治疗开始就不断寻求意义的过程中建立起来的。

当两个人相遇时建立的对情绪的理解的可得性，加上开放的、不饱和的诠释的使用，使我们更接近患者，并扩展了我们处理精神痛苦的能力。

锚定于 Bion、Baranger、Ogden 和 Ferro，我们认为我们的治疗目标不同于 Freud 提出的目标。今天，我们更感兴趣的是把握分析场域中分析性配对的情感体验变化，试图扩展患者的能力，使其能更多地接触到自己。因此，我们打算帮助他发展自己做梦的能力、思考自己的想法的能力；还有在任何可能的时候将潜意识与意识区分开来，将真实与幻想区分开来，将自己专属的东西与他人的东西区分开来。

融洽关系这个概念，强调的是两个人之间的关系：患者和分析师之间的。因此，影响分析师身份认同的不同程度的风险将一直存在，除非他躲藏在一个会影响他的工作表现的防御盾牌后。当你面临这种风险时，

这不是为神经症付出的代价（就像关于反移情的讨论通常所说的那样），而是为对真实性的爱付出的代价，这是一种能够真正使人转化的独特条件。因此，治疗师和患者都将暴露于其精神结构解体和整合的时刻，在理想的条件下，这将导致精神结构回到（恢复）所期望的不对称状态，并获得在此之前不存在的整合。（Mello Franco Filho，1994）[326]

在这种情况下，在我们看来，诠释活动将如何发展？我们突然想到用这样的表达来描述它："两个寻找意义的角色。"当我们寻找一个词来描述这个过程时，我们选择了"表达诠释功能"（expression interpretative function）（Guignard，2010），因为它涵盖了由两个角色创造的分析场域中发生的事情，并且远远超出了场景中两个参与者口头表达的东西。因此，这包括思考了但未说的、说了但未思考的、诠释性的行动（Ogden，1994b），以及两人建立起来的叙事。

我们认为这种功能是所有人类所固有的,它可以被描述为对生活体验的意义的探索(Ferro,2011;Guignard,2010;Moreno,2010),我们也可以依据 Bion(1962)提出的观点,将其命名为人格的分析性功能。

诠释功能与 α 功能的构成和思维装置的发展有关(Bion,1962)。我们认为白日梦和夜梦,也就是梦工作(dreamwork)本身(Bion,1962;Grotstein,2007;Ogden,2005)是诠释功能的表现之一。在这个意义上,我们同意 Ogden(2005)在注意到 Bion(1962)和 Freud(1900a)关于梦工作的概念的不同时所提的观点。根据 Ogden 的说法,"简而言之,Freud 的梦工作的概念是让潜意识的衍生物变成意识的,而 Bion 的关于做梦的工作(work of dreaming)的概念是让有意识的生活体验变成潜意识的……"(Ogden,2005)[100]

根据 Freud 的观点和法国精神分析学派的发展成果〔如 Green 的工作和 Aisenstein(2010)最近的工作〕,当我们考虑一个精神工作的需要、驱力所要求的表征的需要时,同时把另一个所指功能考虑在内,则可以观察到一个具有相似特征的功能。

我们认为,精神分析的特殊之处在于:创造一个空间,在那里两个角色能一起去探索他们之间正在发生的情感体验。我们认为,正如 Bion 所描述的,在这个过程的两个参与者身上,都出现这种融洽关系、涵容的能力以及消极能力,是至关重要的,虽然一开始他们中的一方必须是这些潜力的守护者。

临床实例

患者 A[❶] 担心自己无法与他人相处,尤其是与父母相处,因而前来接受治疗。他十九岁,第二次尝试上大学,但他不满意,正考虑辍学并找份工作。他无法与父母有紧密的关系,他避免与他们交谈,甚至不和他们一起吃饭,他独自在厨房里吃饭。他甚至很难和他的几个朋友相处,与他们保持着距离。

---

❶ 在 2008 年 4 月于维也纳举行的欧洲精神分析联盟大会上,对该临床材料做了更详细的介绍,介绍的标题为"在受害者的后代和犯罪者的后代身上的遗产阴影——墙的打破",且该文发表在 2010 年的《比利时精神分析公报》(*Belgian Bulletin of Psychoanalysis*)上。

在他来治疗之前，他从未交过女朋友，也没有过性关系。事实上，能让他感觉好一些的地方是他房子旁边的一块空地，他白天会在那里待上好几个小时，有时睡觉，有时只是躺下来，没有人让他移动或做任何事情，他就待在那里。他描述说他的父母非常关心他。在第一个治疗小节中，患者提到他与他的外祖父非常亲近，外祖父是纳粹集中营的幸存者，但这个话题没有再被提及。

经过一个长时间的评估期，我决定向他推荐每周至少四次的分析，他带着一些怀疑接受了这个建议。在大约两年的时间里，他一直保持着一种情感上非常超然的行为。在那时，他提到了一个反复出现的梦，在梦里，他看到了一座城堡，被深水包围着，无法跨越，唯一的路是通过一座总是关闭着的吊桥。这正是他在我身上引发的感受：我感到被排斥。当我向他提供一个诠释时，这变得更加强烈，因为他非常礼貌地倾听我的话，然后从他刚才被打断的地方继续讲下去。仿佛我在那里只是为了听他说话，他同时谈论了许多话题，我有一种非常需要发泄一下的感觉。

到了分析的第三年，他的行为开始发生变化，变得完全相反。他几乎说不出话来，因此我们经历了越来越长时间的沉默。当我问他在这些沉默的时刻在想什么时，他回答说他在听和唱流行歌曲。经过几个月的沉默和困难时期后，我突然想问他当时在想的是什么歌，他告诉我那是 Pink Floyd 的《迷墙》(The Wall)。然后我决定再看一遍这部音乐片，我感到惊讶和受触动的是它的情节和 A 的情况惊人地相似。因此，大屠杀期间所有的丧失、悲伤、家庭秘密和悲剧逐渐浮现出来。我发现患者的外祖父母都是奥斯威辛集中营的幸存者，他们在那里相遇，从那里离开后结婚，然后来到巴西，在他们以前的家庭被摧毁后他们打算重建他们的生活。我的患者成了他外祖父最亲密的家庭成员，他的外祖父经常向他讲述大屠杀的历史，在一个书房里，他收集了有关那段可怕时期的文件、照片、信件和记忆。根据 A 的说法，这个地方黑暗而沉闷。

从那时起，对 A 的分析显示出了一个显著的变化，特别是他与我的关系逐渐亲近，他在生活中与他人的关系也是如此。感受越来越多地出现在治疗小节中，治疗小节变得更加生动和有活力。

分析师在遇见这个患者的时候，还没有发展关于创伤、跨代性和主体间性的知识，在最近几年，这些知识得到了巩固。分析师和患者一开始都没有注意到患者家庭中经历大屠杀的情况。经过多年的分析后，这一点出现在分析场域中，令他们两人都感到惊讶。我们认为，与患者的外祖父母在大屠杀经历中所遭受的"痛苦"相关的感受是无法忍受的，因此，只有在建立了融洽关系后，这种融洽关系能够支撑他们去冒着体验到极端无助和绝望的情感的风险，这些相关感受才能被"允许"出现。从那时起，可以观察到一个新的旋律进入了这个场域，这个旋律逐渐变成了一个两人之梦（a dream-for-two）。一种过去只是被视为奇怪的行为，比如在一个废弃的停车场待上几个小时，现在变得讲得通了；A 是在活现抛弃、绝望、孤立、忽视以及鄙视和被鄙视的情况。从本文提出的理论角度来看，我们认为分析师在维持城堡"吊桥"关闭的过程中做出了积极贡献，因为他还不能分担其中的绝望。换句话说，就好像在这个第一阶段，分析师的幻想是将患者从被遗弃的地方移走，而不必进入这个"雷区"，因为这意味着他也将不得不面对那些对于自己来说很可怕的感受。由于这位分析师是犹太人，并且是在大屠杀前逃离欧洲的犹太移民的儿子，他忍受这些情绪也会非常困难。今天，我们认为"吊桥"只有在消极能力和诠释功能得到系统发展的情况下才能被放下来。

诠释性的功能

当一个角色诞生，
他很快就获得了这样的独立性，
甚至独立于其作者，
以至于每个人都可以想象到
在作者把他置于的许多情境中，
有时，他也获得了
作者甚至做梦也没想到会赋予他的意义。（Luigi Pirandello，1922）

我们认为，在分析场域中，患者和分析师的心灵之间的互动将扩大该场域涵容出现在场域中的焦虑的能力。分析师的消极能力和遐思能力使他能够将原始情感转化为可以被忍受和思考的情感。在有利条件下，患者内射这些功能，并以更自主的方式运用这些功能，正如这可能发生在个体的正常发育中一样。

当这一功能发展不足或受损时，我们认为有必要存在一种诠释性的功能的"孵化器"，即创造一个可能使这一功能恢复的分析场域。Meltzer（1990）提出，分析方法包括再现母亲心灵和婴儿心灵的投入，以这种方式，两个心灵可以再次合作，一起工作，以便调查和向对方描述自己。Nemas发展了Meltzer的想法，但警告我们，这个过程对分析师来说非常困难，因为如果他是真正可被患者利用的，他会让他的心灵被患者疯狂侵入，产生有时无法忍受的情绪（Nemas，2010）。

在任何分析中，我们都不断地在较整合的状态（人格的神经症性部分）和较不整合的状态（人格的精神病性部分）之间转换。我们认为诠释性的功能发生在这个振荡过程中，没有它，诠释功能就不存在。在那些在场域中有强烈的精神痛苦的时刻，带着诸如绝望和疯狂感这样的感受，我们会失去将这种痛苦转化为问题的能力。将诠释功能具体化的风险是非常高的，导致我们使用饱和的、理论的干预，无视诠释性的功能和象征网络的模糊性。那么，我们将处于"非两人之梦"（non-dream-for-two）（Cassorla，2009）的情形，这在任何分析过程中都是必不可少的，也是不可避免的，应该被用来恢复诠释功能，从而打开新的潜在意义。在这些时刻，两个寻找意义的角色短暂地失去了他们在分析游戏中的角色特征（两人之梦的角色特征），并且变成了与具体现实平衡的人，因此失去了"来来回回、走过的路、转变：简而言之，就是将我们聚在一起的动力"（Green，2002b）[50]。

在我们看来，分析师积极寻找正确的诠释，无论是"移情性的诠释""变异性的诠释"还是"重构性的诠释"，在我们看来似乎都与尝试避免体验分析情境中出现的情绪有关。用这种方式是试图增加参与者之间的不对称性，从而确保类似于传统医学模型的安全性，在传统医学模型中，认识仅属于其中的一个参与者，痛苦仅属于另一个参与者。另外，我们同意Ferro（1999）[115]的观点，他说他不相信"正确的诠释是存在的，但这是一个由不断的成功、尝试和错误组成的旅程……这构成了道路……一个连续振荡的历程"。

在分析场域中，一个或两个参与者对解释的阻抗在 Bion（1965）和 Ferro（2002b）的相关文献中被描述为对从 K 到 O 的转化［将认识（knowledge）情感体验转换为忍受（living）这种体验］的阻抗，这种转化引起了情绪动荡，因为它调动了灾难性的变化。

因此，我们认为发展分析性配对双方的消极能力是至关重要的，即"一个人能够忍受处于不确定、神秘、怀疑中，而不会在追求事实和理性的过程中陷入易怒状态"（Bion，1970）[124]。

我们仍然使用 Ferro（2002b）的分类方法，可以考虑将诠释分为三种类型：①不饱和的或弱的诠释（unsaturated or weak interpretations），靠近 PS（分裂-偏执位相）一极，因此整合程度较低；②饱和的诠释（saturated interpretations），靠近与整合和选定的事实相关的 PD（抑郁位相）一极（Bion，1962），对移情的饱和诠释是这方面的典型例子；③叙述性诠释（narrative interpretations）位于 PS-D 轴的中间，不涉及 PS 的饱和度，但已经有了 PD 的图像，在这种情况下，必须建构治疗小节中正在发生的事情。作者还提出了当分析师的心灵不能正常运作时，他可能会做出排空性的诠释（evacuative interpretations）或付诸行动（acting out）。

在我们的临床实践中，我们看到所有这些形式的诠释总是出现在任何类型的患者的分析场域中。因此，一方面，它们之间发生的振荡越多，诠释功能就越具有创造性；另一方面，越平衡，这个过程就越缺乏创造性，并且可能会出现一种分析配对双方的功能运作一致化的强烈趋势，这将导致诠释功能的停滞，并因此失去必要的模糊性。

当诠释功能被保留在分析场域中时，我们将分析过程视为创造性时刻的振荡，而在其他时刻，由于存在一些对患者和分析师来说有时难以承受的张力，分析场域中失去了诠释功能。那些时刻将是智力的"休战期"或饱和的"休战期"，在这种情况下，象征化（symbolisation）或心理化（mentalisation）是不可能发生的。

讨论

> 戏剧就在我们心中,
> 戏剧就是我们;
> 我们不耐烦地上演着它,
> 内在地感受着,
> 不断增加的,
> 激情的紧迫性! (Luigi Pirandello, 1922)

分析场域被建立在过渡空间中(Winnicott, 1951),在思考概念化这种分析关系时,我们使用了 Luigi Pirandello 在《六个寻找作者的角色》(*Six Characters in Search of an Author*)(1922)中提出的隐喻。在这部戏剧中,作者讨论了现实和小说之间的模糊性,阐明了它们之间看似清晰的界线。在剧中,父亲这个角色对导演这个角色说:

> ……除了幻觉,我们没有其他的现实,
> 你也应该不信任你自己的现实,
> 你吸入并接触在你自己内部的这个现实,
> 因为——就像昨天——明天,
> 这个现实必然会证明它本身是一个幻觉。(Pirandello, 1922)[123]

通过将想要的或者更好的、需要呈现的角色带到场景中,作者分散了导演和演员的欲望,然后他们对不再属于他们的戏剧做出反应。角色、演员、导演、作者、现实和小说之间的永恒对抗将调动观众的一种觉察,即我们更多地生活在"两者之间"(in-between)而不是某个特定的地方。

Pirandello 以极高的敏感性将人类所有原始状态下的痛苦带到了戏剧场

景中，并暗示这种痛苦可能在他人的心灵中被体验过。在许多情况下，很明显，我们冒着使自己从预想的情感体验中脱离出来的风险，甚至冒着无法隐藏角色某些方面的精神痛苦的风险。

我们相信，在分析场景中，我们一直处在一种挣扎中，这种挣扎就是试图忍受某些角色的出现，以及忍受想要阻止他们进入这个场域的欲望。

在我们看来，Pirandello 把一个孩子的死亡和一个年轻人的自杀作为条件，它们一旦出现在场景中，就会打断戏剧的上演。根据我们的方法，这将把我们所描述的东西表征为无法忍受的、将在一个痛苦的过程中被转化的精神痛苦，这个过程可以在分析场域内被活现和被感受到。在分析场景中，诠释功能的局限性将取决于分析师和患者根据每一个配对之间的特定潜力所建立的融洽关系。

如何修改潜意识：一个与转化有关的-模块化的方法及其对精神分析性心理治疗的启示

雨果·布莱克马尔（Hugo Bleichmar）❶

自 Freud 的第一部作品以来，精神分析性心理治疗就开始了演化发展，它受到不断增长的由一代又一代精神分析师贡献的有关心理结构和功能方面的知识的影响，这些知识主要关于：①潜意识的多个部分；②有意识知识和治疗改变之间的复杂关系；③阻抗治疗改变的力量；④能够促进改变的或相反的——强化病理的干预类型。

如果潜意识的阻抗没有被克服，有意识的知识不一定会产生期望的改变，这一发现是《论开始治疗》（Freud，1913c）的主题之一，这个主题在《论潜意识》（*The Unconscious*）（Freud，1915e）一文中再次被提出，不是作为一个简单的技术问题，而是作为心理组织成不同部分的结果。用现今的术语，我们可以说 Freud 总是把心理构想成由系统或模块组成的，他的第一个地形学模型和后来的结构模型，每一个都有自己的起源和发展，彼此互惠地相互作用和影响。正如 Fodor（1983）所认为的，它们不是被封装的模块，而是与其他模块交互作用的模块化过程的产物。

本文的主题是根据当今的知识及其对治疗改变的影响来检视心理功能的

---

❶ Hugo Bleichmar 是医学博士，阿根廷精神分析协会（Argentine Psychoanalytic Association）的会员，西班牙马德里罗马教廷科米利亚斯大学（Pontificia Comillas University）精神分析心理治疗研究生项目的主任；他也是《精神分析》（*Aperturas Psicoanaliticas*）杂志的编辑。他的主要兴趣是为精神病理学发展一种多维模型，以描述一个心理路径，通过这个路径，不同成分依次或平行地组合在一个动力性的互动中，产生抑郁、自恋障碍、病理性哀悼和情感失调的亚型。这种方法的含义是，如果存在上述精神病理学亚型，则每一种亚型都需要被定为特定的靶点。适用于特定亚型的精神分析干预对其他亚型可能是医源性的干预。

模块化。为此，我将回顾以下内容：①潜意识的模块化；②激励系统的模块化及它们产生的相互转化。我也将尝试展示，一种与转化有关的-模块化的、研究心理的方法，是如何促进我们思考针对我们想要改变的事物的有区别的和特定的治疗干预的。

潜意识组织的模块化

从以下几个角度来检视潜意识现象的复杂性可能是有用的：①它们的起源、刻印形式和加工过程；②潜意识内容的激活水平。关于不同类型潜意识形成的起源，我们可以确定：

1. 一种原始的潜意识（originary unconscious），不是潜抑的产物，而是从未被意识到的与重要人物互动的产物，也是自我保护为免于痛苦而启用的自动手段的产物。例如，那些处于持续过度刺激状态的人，他们受到的刺激可能是性的和/或认知的，和/或情感的，和/或植物神经的（唤起水平）；或受迫害和受惊吓的人；或那些无能的和被压倒的人，他们太麻痹无力了以至于无法以任何方式做出反应；也包括那些不知不觉地寻求他人帮助以摆脱他们的焦虑或平衡他们的心理结构的人。一种原始的潜意识是先天性情和外部性情之间相遇的结果，产生情感表征和行动表征，这些表征在没有被意识到的情况下被记录下来。这些刻印不仅仅是主体表征和他人表征，是被赋予或接受的身份，而且以被贯注了情感的程序的形式存在——程序性记忆。

即使冒着重复的风险，我们仍需要强调的是，原始的潜意识不是由潜抑造成的，而是如许多作者（Fonagy，1999；Lyons-Ruth，1999；Mitchell，2000）所提出的那样，它是以自动化程序的形式组织的，包括如何植物神经性地反应，如何与他人、自己、世界联系。这一水平不仅是表征性的，也是神经生物学性的。出于这个原因，下面我们将检视每个人体验不同的潜意识或有意识的主题内容时，植物神经反应的类型，这是一个需要考虑的重要方面。

"原始的潜意识"这个术语不仅仅指婴儿期形成的东西；程序性记忆的形成贯穿一生。语言的本质是象征性的（某种东西代表了另一种东西），而程序性记忆大部分（有时仅仅）被刻印为情感过程和行动。正如 Clyman（1991）[352] 所言：

> 这不是象征性的知识；程序编码信息不代表任何其他东西。尽管过程性的程序可以被翻译成陈述性语言，但它不能直接用语言表述。虽然陈述性知识可以被意识到，但程序性知识不能。陈述性知识是可以被记住的；程序性知识只能被活现。

因此，在分析性治疗中，"原始的潜意识"不能被恢复为陈述性记忆，也不能通过解码患者的叙述或甚至通过分析梦的内容而被恢复，无论这有多重要，但它被恢复为"活现"，即在关系中的付诸行动。

Fonagy（1999）[218] 明确阐述了程序性记忆在治疗中的作用，"改变发生在内隐记忆中，导致一个人在与自己和他人的生活中所使用的程序发生改变"。他补充道："患者对自己与他人的体验的内隐记忆或程序性表征，就是 Sandler 和 Joffe 所说的非经验领域。"

原始的潜意识并不符合 Freud（1915d）[148] 所描述的原初的潜抑："我们有理由假设有一个原初的潜抑，它是潜抑的第一个阶段，它存在于本能的心理（观念）表征中，这些本能是被拒绝进入意识的。"相反，原始的潜意识并没有被拒绝；它是一种潜意识，它的构成和在那种状态中的持续存在与意识无关。原始的潜意识不是指心智中驱力的表征，而是指非常广泛的一系列刻印——关于与他人相处是什么感觉的刻印；自体的形象和情感状态的形成和发展，就像感觉/情感/运动的图式一样，是在婴儿时期逐渐形成并在发展的后期阶段发展的，那里记录着主体与他人的关系。

2. 通过认同重要人物的特征性反应模式、植物神经激活（唤起）的程度、情绪状态的强度和质量、行动倾向、幻想、防御等，形成原始的潜意识。就防御而言，尽管存在着与生俱来的性情（所有人都准备好使用它们），但对重要人物使用这些性情的情况的认同会影响到其中一些性情的发展和巩固，例如，投射的倾向、断开情感联结的倾向、否认的倾向等等。

3. 一种潜意识，它是防御过程的结果，这种过程从意识中消除某些表征或阻止某些表征达到有意识的状态。Freud 把他的兴趣集中在这个潜意识水平上。

这种潜意识组织是通过防御的作用而从意识中被拒绝的，对这种潜意识组织的治疗性工作的一个后果——好像它是唯一的或主要的一个后果，就是患者总是被置于抗拒知识的人的位置上。让潜意识变得有意识就相当于抵消潜抑，克服不同类型的防御，这里的潜意识也包括不是防御产物的那部分潜意识。

尽管我们可以区分不同起源的潜意识，但它们经历了组合、置换和转化，通过这些过程，某些部分被"隔绝开来"并彼此分离。这个工作产生了幻想和表征，它们不仅仅是外在事物的结合，也是调节潜意识过程的规则的创造性功能的结果，甚至是通过激活某些情绪的特定回路在生物学水平上对表征施加压力的结果。这就是为什么潜意识现象不仅仅是外在事物的效果（这是关于环境的概念中的一个错误）或者内在事物的效果，而是心理自身动力学的复杂的、创造性的产物，在这个相互作用的过程中，外在事物与内在事物是铰接在一起的（Piaget 关于适应和同化的经典概念是与此相关的）。

潜意识的去激活部分：弗洛伊德学说的没落

在《俄狄浦斯情结的消解》(The Dissolution of the Oedipus Complex)一文中，Freud（1924d）引入了一个潜意识的概念，这涉及一场观念的革命，这个观念关于永远活跃的潜意识。他说在某个时刻，俄狄浦斯情结经历了一个超越简单潜抑的变迁；缺乏预期的满足未能得到所渴望的东西、内在的不可能性，以及阉割的威胁，使俄狄浦斯情结遭到了消解，即俄狄浦斯情结的没落（*Der Untergang des Ödipuskomplexe*），这是一种真正的毁坏："但我们所描述的过程不仅仅是一种潜抑。如果它被理想地执行，它相当于

对这个综合体的摧毁和废除。"（1924d）[177]

我们如何理解这一点呢？所有俄狄浦斯愿望和恐惧的潜意识痕迹都被抹去了，构成它的表征、情感和幻想都消失了，就好像它们从未存在过一样，当在生命的后期，它们的情感丛集再次出现时，它们是与以前的那些痕迹毫无关系的全新的刻印吗？与临床经验相矛盾的观念是：移情以及童年往事被白天的残留物重新激活，让人很难接受如此重要的东西会完全消失。然而，尽管我们可能反对隐含在术语 Untergang（没落）中的强调或夸张，或者甚至尤其反对 Freud 使用的 Zertrüm-merung（摧毁）一词，Strachey 将此翻译为 demolition（拆毁），我们不能消除 Freud 通过这些术语提出的问题：潜意识中的某些东西可能会失去力量，不再是活跃的存在［关于俄狄浦斯情结的命运的讨论见 Levy（1995）］。

Freud 使用的 Untergang 与 Spitz（1946）所描述的状态有关，当婴儿无力使所选择的渴望客体返回时，最终会"去激活"（deactivate）渴望本身。或者说，在临床上很重要的是，虽然这些不是巨大的创伤，但是它们是一些更安静地发生的但从未失效的东西：儿童或成年人面对愿望受挫的情境，面对内在的限制和/或重要的客体没有对他们的愿望做出回应的情境，慢慢地、不知不觉地使潜意识的部分"去激活"，从而屈服于没落。

我们用术语"去激活"（deactivation）来描述的这种类型的过程（Bleichmar，2010）[81]，会导致潜意识核心中愿望的某些部分的"去贯注"（decathectisation），这是由于痛苦的"无法满足的渴望贯注（cathexis）"（Freud，1926d）[172]是由受挫的愿望以及产生焦虑的主体功能的"去贯注"所产生的。潜意识的部分性的去激活不同于潜意识的分裂或解离，在潜意识分裂或解离中，两个核心保持着活跃而互不影响。这一点对心理治疗很重要，因为它与用于抵消（undoing）活跃且蓬勃发展的愿望的强迫性重复这个基本目标一起，开启了如何重新激活遭受没落的事物的问题。我们在对患者的临床工作中看到了这一点，这些患者的防御过程逐渐冷却了欲望的强度。我们会说，分析那些具有强烈的潜抑愿望的人要比分析那些愿望功能本身遭受某种程度没落的人更容易。对于这些患者来说，情感上中立的分析师，无论他的诠释多么正确，对某些病理都是无能为力的。如果要让处于绝望/冷漠状态的人能够感受到人际关系,并对人际关系和世界中的事物感兴趣,就需要某些不同于经典诠释类型的干预(Alvarez,2010)。我们知道,这一点是有争议的,但我们的经验告诉我们,分析师在与患者交流中的活力以及他的欲望的强度,可能有助于抵消没落的效应,尽管可能只是部分地抵消。尽管这一提议可能会受到质疑,但关于精神分析性心理治疗可以使用哪些资源来处理这些导致一些患者真正成为"活死人"(living dead)的过程,这个讨论仍是开放的。

未被构成的(The unconstituted)

另一个与前面所述相关但又不同的议题涉及潜意识欲望的力量、欲望的构成及其强度。当时,欲望被认为源于驱力,似乎合乎逻辑的结论是,人们有相似类型的欲望,他们的欲望的力量也是相似的,唯一的区别是他们是否成为一个潜抑的对象。然而,如果不考虑内在条件的话,欲望是在与他人的互动中构成的,具有重要他人的活力,那么,如果一个人的无活力的父母无法构成他们孩子的令人向往的客体,会发生什么呢?在这些情况下,问题就不是没落导致了焦虑,焦虑削弱了欲望(欲望存在但变弱了),而是在欲望的构成及其强度水平方面存在缺陷。在这些情况下,什么类型的干预能够对构成不充分的东西产生改变?再次声明,我们相信分析师的情感和热情的促成作用是必要的。经典的技术是为有强烈欲望的患者开发的,对这些患者来说,分析师处于能够涵容情绪的位置有助于患者情绪调节,也树立了一种有利于患者思考而不是行动的态度。在欲望缺乏力量的状态下,似乎需要一些不同的东西,尽管这里有两个风险:一个过度情绪化、过度活跃的分析师会更多地对某些患者放松管制,而另一个泰然自若的分析师会强化其他患者的病理。我们如何调和对分析师的双重要求:一方面要真诚,另一方面要工具性地利用他的情感? Friedman(1988)在一个非常复杂的分析中检视了自发性与涵容、主动地产生影响与允许患者设定发展过程这些议题。

动机系统的模块化

在以前的论文（Bleichmar，1997，2004，2010；Abelin-Sas，2008）中，我重新编写了由 Stern（1985）和 Lichtenberg（1989）提出和阐述的重要观点，即驱动幻想和行为的欲望和需求可以被归入一组动机系统。这些系统在起源、发展以及在每个人身上的相对权重方面有所不同，这些系统涉及：自我保存、异质保存（hetero-preservation）（即照顾和保存他人），对依恋的需求和愿望、性方面的需求和愿望、对心理生物调节的需求和愿望以及自恋的愿望。❶

从生命一开始，动机系统就在与重要他人的互动中被组织起来了。当这些动机系统的需求或欲望没有得到满足时，在每个系统中都会引发特定的焦虑；例如，依赖于自恋系统的羞耻感、与依恋断裂相关的分离焦虑，或与异质保存系统相关的内疚。

在这些动机系统之一稳定盛行的情况下，我们会遇到某些类型的人格结构，例如，呈现强烈依恋需求的人，那些被寻求自恋满足驱使的人，那些将他们的生活导向异质保存的人，那些照顾他人而完全忽视自己需求的人，或者那些被自我保护和察觉危险的先占观念支配的人（例如，疑病症患者）。在不同的时间和不同的主体间语境中，这些系统的相对盛行可能交替出现，这种交替也可能发生在治疗过程中。系统之间可能存在的一些关系是：主

---

❶ Lichtenberg、Lachmann 以及 Fossaghe（2010）在他们最近的一本书里说："对于之前描述的系统——生理调节系统、依恋系统、探索/断言系统、厌恶的和感官的/性的系统——我们现在增加从属关系系统和照顾系统。"它们是指文献中广泛描述的照顾行为（Solomon et al.，1996）。在包含照顾系统的情况下，他们同意我们引入"异质保存系统"（Bleichmar，2004）这一表述，这是一种特定的动机系统，澄清了我们选择的术语的意思是"对他人的照顾和保存"；他们也同意用"照顾"（caring）一词来描述这个系统的主要功能。我选择"异质"这个前缀不仅是为了强调系统的功能是照顾他人，也是因为它起源于在与他人互动中形成的过程（"异质"＝他人），通过对重要他人照顾其他人的方式的认同。关于动机系统，我与 Lichtenberg 及其同事们的观点的主要区别之一在于，他们没有纳入自恋动机系统，而自恋动机系统对于理解心理如何发展、精神病理学和治疗都至关重要。

导、协同或对抗——动机系统之间的冲突。对一些人来说，自恋欲望的力量导致他们忽视自我保存，打破依恋关系，并舍弃性；而在其他人身上，强烈的依恋需求导致他们忍受极端形式的羞辱，接受提供依恋的人作为性的对象，以及该人提出的性行为形式。因此，在每一个特定的个案中，在治疗的每一个时刻，我们需要评估哪一个动机系统具有最大的动机力量（Bleichmar，2004），哪一个会反对治疗性改变，哪一个会为治疗性干预提供支持（治疗性干预的动机权重或动机效价的概念见下文）。

在治疗性相遇中，患者的动机系统也会与治疗师的动机系统建立起协同关系、互补关系或对立关系，从而在一个人和另一个人的需求之间的相遇/分离的主体间语境中产生两人之间的互动模式。关于我的患者，我会问自己的问题是：他们是如何在每一个时刻进入我的动机系统的？他们是从哪个动机系统中领会了我？以及我如何进入他们的动机系统？从我的哪个动机系统中，我理解了患者？在什么内在需求或愿望上，我们是彼此适应的？

由动机系统之间的相互作用产生的转化

动机系统彼此之间产生交互作用。例如，自恋系统可以触发性（被激活是为了给主体提供一个宏大的自我形象），所以性就失去了它的本质（即纯粹由强烈欲望驱动的快乐），而被过度意指为主体支配力的表达。因此，性是基于它所产生的自恋满足或焦虑而被激活或去激活的。当依恋人物具有我们在边缘人格中看到的情绪不稳定性时，依恋需求可能会使心理生物调节系统去调节（deregulate）。

然而，动机系统之间的互动对治疗有另一个重要的后果：焦虑和防御的路线可能会改变，从一个系统传递到另一个系统。依恋关系的破裂可能不再产生分离焦虑，但当它被编码为主体缺乏价值的指标时，会产生自恋痛苦；或者它可能会造成惊恐发作这样的心理生物学的去调节，自我保存焦虑完全支配了主体的心理；或偏执的自我保存焦虑可能会使主体从所有的关系中退出，孤立自己，并对一个客体产生强烈的渴望以满足依恋的需要，激活这个系统，属于这个系统的幻想、焦虑和防御就会显露出来。情绪状态的这些转化需要分析师关注两个方面：一方面，关注在治疗或治疗小节的每个时刻活跃着的动机系统的需要、焦虑和防御；另一方面，关注作为整个过程链上的第一个环节的动机系统，这个过程链导致这个动机系统在此刻处于活跃状态。

潜意识的修改

在一篇较早的论文（Bleichmar，2004）中，我们强调了分析性治疗的一个悖论：它认为潜意识是决定性因素，只有它的修改才意味着结构改变，同时，它使用了一种针对患者的意识的诠释技术。这并没有导致我们去削弱诠释对于治疗性改变的巨大力量，而是问我们自己为什么使潜意识意识化真的能够修改潜意识。我们提出，诠释的内容和治疗关系都需要给予患者比患者习惯性的感觉、思维和行动方式更具有动机性的东西。我们发展了动机权重（motivational weight）或动机效价（motivational valency）的概念，以表明治疗性干预的改变力量，无论是一个诠释还是刻印为程序性记忆的一种关系，都取决于在实施干预时，这种干预和患者的情感需求之间的动力性相互作用。

例如，这种干预是否依赖于依恋的动机系统，但与自恋的动机系统相矛盾，使主体感到自卑或被羞辱，从而引发形式上的接受以维持依恋，而在更深层次上，依恋是被拒绝的，因为它损害了自恋？或者，反过来说，这种干预是否通过促进诸如主体的自主感助长了自恋，让他觉得面对那些他迄今为止服从的人时，他可以遵循一条独立的道路，但同时有依恋的焦虑、分离焦虑和失去重要人物的焦虑，因此产生了深深的阻抗？（Bleichmar，2004）[1387]

我们认为，在这些术语中，治疗性干预的转化性力量这个概念使我们能够克服目前的两极分化，分化的一方将关系看作改变的因素，分化的另一方则将诠释看作基本工具。这个议题并不局限于接受两者都有改变的能力（临床证据证明了这一点）或者局限于诉诸陈述性记忆和程序性记忆之间的差异，而且还要求我们在每次干预时问自己（尽管我们是在事后才这么做的，因为治疗的自发性是非常重要的）：哪些动机系统支持这种干预？哪些动机系统在程序、具体幻想和焦虑方面反对改变？

为什么治疗关系会产生改变？是因为程序性记忆改变了吗？毫无疑问是这样的，但这让我们不禁要问：为什么治疗关系会在某个方向上改变程序性记忆，它的某些方面比其他方面更多地牵涉在这种复杂的关系中吗？最重要的是，为什么患者把这个治疗关系和他在其中所占据的位置这些元素结合起来呢？为什么患者会潜意识地接受参与这种受到与分析师的关系制约的互动？再次强调，动机效价或改变的力量取决于干预是否符合患者某一个动机系统的具体需求，以及是否与其他动机系统的需求存在任何巨大的矛盾。

诠释也是如此。一个患者为了保护自己的自恋，不让自己感觉有缺陷或有内疚感，不断地批评别人，把不充分的身份认同投射到他人身上。我们对这种防御进行工作，对驱动这种防御的焦虑、婴儿期的根源以及在每种情况下出现的幻想进行工作。对于分析师来说，这种描述是令人信服的，他收集的数据对除这个患者之外的任何人似乎都是有效的，但这还不够，只有当某些动机性的成分在患者内部被调动起来时，诠释才有转化的可能性。这些动机性的成分可能是各式各样的。因此，如果患者有维持与分析师的关系的大量依恋需求，那么诠释的内容可能会成为其心理的一部分，这与合并父母信息的方式是相同的，因为这确保了与重要人物的关系。或者如果分析师是患者需要的支持其自恋的人物，那么为了获得这种支持，患者会倾向于向诠释所指示的方向改变。或者，如果诠释不受移情或暗示的力量的影响，且其方向与患者的自我理想一致，并且患者为了得到他所期待的满足而自恋地顺从它，那么改变就有可能发生，因为对诸如"我没有需要辩护、否认、忽略的缺陷……"这样的自恋感受的防御可能会被抛在脑后。自恋行为的改变并不罕见，因为新的行为促进了一种不同形式的自恋，伴随着的感受是"我改变了，通过改变，我认为自己是有价值的，因为我有能力做这件事"。因此，自恋支持患者为了另一种类型的自恋满足而放弃某些行为。这种新类型是否病情较轻,是否符合精神健康标准,这些并不是决定性的,决定性的是这样的事实,即它从提供自恋满足中获得了力量;自恋变体之间的相互作用使天平偏向于改变。

在其他情况下,当诠释指出了一些调动内疚感、异质保存或关爱他人的东西时,患者可能受到对他人担忧的驱动而倾向于改变,以逃离他的自我中心主义,并试图修复由先前的攻击性或对他人缺乏关注而造成的影响。或者,如果诠释是由对心理生物学调节的需要所支持的,并且甚至在患者没有对正在发生的事情进行有意识的主观化的情况下产生了一种更为平静的状态——这归因于与外部人物的冲突减少了,那么被领会的东西仅是:更大的心理生物学上的幸福安乐,它的功能是作为一种冲动,在由快乐原则指导的过程中抛开任何产生张力的东西。

患者的唤起状态在修通过程中的作用

植物神经的激活(唤起)状态会干扰注意、固着和记忆再巩固的过程。Cahill 及其合作者进行了一项开创性的研究,研究中受试者被展示具有强烈情感效价的场景,研究发现,与接受美托洛尔(阻断肾上腺素能系统的受体)治疗的受试者相比,接受育亨宾(激活肾上腺素能系统)治疗的受试者更能记住和识别情感上重要的材料(Cahill et al., 2003;O'Carroll et al., 1999)。LeDoux 及其合作者发现,在记忆的时刻给予阻断剂,能够减少创伤体验记忆中的再巩固(Debiec et al., 2006)。McGaugh 的研究小组发现,通过去甲肾上腺素能系统发挥作用的低剂量糖皮质激素能巩固长期记忆,但高剂量的糖皮质激素会扰乱长期记忆(Roozendaal et al., 2006)。因此,当受试者经历某一事件时,植物神经/激素的唤起/激活状态标志着记忆、对被情感投注的材料的记忆的巩固和维持。这对于分析性治疗来说很有趣,因为它提出的问题是:当患者的唤起水平低时,精神分析性干预对于修通的价值/力量是否与唤起水平高时相同?要使在治疗中正在发展的东西被记录并持续下去,最佳的唤起水平是怎样的?

此外，尽管我们倾向于将情感和唤起混为一谈，但它们不仅在心理上不同（Hurlemann et al.，2005），而且具有不同的大脑定位（Kensinger et al.，2004）。大量的文献毫无疑问地认为唤起的重要性是一个我们需要考虑的变量（Roozendaal et al.，2006）。这就是为什么我们认为，当我们检视患者和分析师之间的交流及其对修通的影响时，纳入这一维度是很有趣的，尤其是在低水平的唤起使诠释的潜在情绪权重去激活的情况下，或者在高水平唤起的、非常兴奋的患者中，我们需要在分析师的话有分量并导致修通和记忆固着之前，调节患者的唤起状态。

当我们检视分析环境中的唤起状态时，我们可能会检测到与之相关的移情-反移情共振或不协调。例如，在我的一名患者的例子中，我认为他的唤起水平与我的唤起水平不协调：我在干预中投入的精力和我的节奏令他不安。对我来说，他的节奏缓慢、他的声音中缺乏力量、他的低警觉性状态、一个我称之为黏液质的总体状态，都让我感觉不舒服，表现的形式是我的精力下降、产生困倦和打哈欠。我觉得适应他是我的义务，所以关于我们之间的差异我没有说任何话，因为它显然会是贬义和苛刻的。然而，在某种程度上，后来我重构我们的交流过程才让我明白，我直觉性地开始在节奏和整体生动性方面展示我更自然的方式。我想起了 Winnicott（1960）关于母亲逐渐适应婴儿需求的观点，我也想到了婴儿逐渐适应母亲的风格：这是一个相互调节的过程，现在被应用于唤起/激活水平。我认为这是帮助患者改变其活力水平和联系的东西，是对其低水平唤起的一种修改。

一名女性患者的特征是高水平的激越，可观察到她的颈动脉快速搏动、颈部和上胸部持续出现红斑，以及极度兴奋的活动节奏。毫无疑问，可以说她很焦虑，但除此之外还有些别的东西，用焦虑状态这个术语不足以更深入地描述发生在她身上的事情，因为当她开心的时候，同样的情形也会发生。有一种基本的状态标志着她体验事情的方式，这些事情既有令人担忧的，也有不令人担忧的。一旦我们把这个维度作为分析材料，这种植物神经的去调节似乎源自与一个有边缘性人格的母亲的交流，她的母亲使她被兴奋淹没；因此，这是对植物神经性的存在方式的原始认同。在她与我的交流中，我不得不帮助她调整她的植物神经去调节状态。在此之前，我对她的幻想和焦虑的干预是无效的。

这个案例和其他案例让我得出这样的结论：治疗性干预的修改能力也部分取决于干预时刻患者的植物神经状态以及唤起水平。但是使用情感敏感性和分析师的植物神经激活水平作为治疗技术的组成部分无疑是一个有待探索的主题，在我们目前的知识状态下没有明确的结论，这需要概念性的研究和临床调查（Jiménez，2007；Leuzinger-Bohleber et al.，2006）。

结论

在这篇论文中，我论述了一种模块化的转化方法，它考虑到多个潜意识部分的存在、不同的动机系统及其转化，以及患者的唤起状态，我试图检视这种模块化的转化方法如何使我们能够思考治疗性干预，这些干预衍生于对心理是如何结构化的、把心理动员起来的力量以及那些阻抗治疗性改变的力量的理解。我被这些问题引导：在每一个特定的个案中，哪一个或哪些潜意识部分需要修改？为了到达这个部分并改变它，需要什么类型的干预？哪些动机系统在支持干预？哪些在阻抗改变？我们的重点不仅在于干预的主题内容，无论是诠释还是治疗关系中隐含的东西，以及它所针对的幻想，还在于需要修改的内容的紧密结构，例如，潜意识内容是具有还是缺少强烈的情感投注、潜意识部分的象征化水平、患者唤起状态的特征性的或情境性的水平、患者的唤起状态和分析师的唤起状态之间的差异、治疗遭遇中两个参与者的情感系统之间的协同或对抗。所有这些因素都会影响到产生改变的干预的动机权重或动机效价。

冲突性的力量：论开始治疗[1]

诺伯托·C. 马鲁科（Norberto C. Marucco）[2]

介绍

我们的分析工作将我们置于一个非常特殊的研究者的角色中，这样的研究者必须不断反思自己、他的治疗任务、他所支持的理论、他进行思考和行动的文化背景、他所属的科学领域的变迁及其与其他科学学科的关系。我个人将精神分析性方法理解为一个提议：去进行自我认识，暗示着分析师愿意去了解他的患者和他自己，了解心理结构和功能运作的模式，在理论和临床工作之间不断地来来回回。他的目标是寻找真实性。这一真实性将由患者和分析师以有时不稳定的方法逐渐揭示出来，没有任何担保或保证，并且不属于他们中的任何一方。所有这一切都将发生在由移情所结构化的、关于欲望的对话过程中，在这种对话中，任何陈述都只是暂时真实的。我想在这里引用 Maud Mannoni（1980）的话：

---

[1] 为简洁起见，我在全文中使用了男性代词。——原文译者注。

[2] Norberto C. Marucco 是阿根廷精神分析协会教学职能部门的正式会员，也是安吉尔·伽马精神分析研究所（Institute of Psychoanalysis Angel Garma）的教授。他是 APA 的科学秘书和前任主席。他是 2007 年柏林 IPA 大会的主旨发言人，也是 1997 年巴塞罗那拉丁美洲大会的官方报告员。他是《国际拉丁美洲杂志》（*International Latin American Journal*）的第一任编辑和编辑委员会主席。他目前是拉丁美洲精神分析联合会教育委员会主席。他著有《分析性治疗与移情》（*Analytic Treatment and Transference*）一书，1999 年由阿莫罗图出版社（Amorrortu publishers）在布宜诺斯艾利斯出版。他还著有英语、法语、意大利语和西班牙语的书籍。他目前是 CAPSA 会员、IPA 会员，也是拉丁美洲精神分析研究所（Latin American Psychoanalytic Institute）的现任顾问。

在受分析者自己的旅程中进行陪伴的每一位分析师（相继克服双方的无知）总有一天会面对一些被隐藏的东西。然而，那些隐藏起来的不被精神分析师知道的东西会对患者的治疗产生（可见的）后果。在内心需求的驱动下，精神分析师在理论上也会处理被隐藏的东西。正如疯狂会摧毁信念，从而让真实性浮出水面一样，"疯狂的精神分析理论"可能会在类似的时刻产生真实性。但要让这种情况发生，精神分析师必须放开他对知识的控制，放弃对知识的虚幻保护。

这篇论文的目的是打开可能性，去思考一些我认为对分析理论和实践至关重要的主题。我想让这些文字展现出口语化的风格，这可能会激发读者参与对话的欲望，这种对话是由日常临床工作的温暖所点燃的。这篇论文表达了那些在工作时间里被收集到的共鸣，并希望能唤醒新的、响亮的共鸣。

因此，我邀请读者去思索一下（正如我现在所做的），精神病理学在21世纪第二个十年开始时的表现与 Freud 在他的著作中描述的是否相同。显然，答案将取决于我们每个人持有的关于心理结构和功能运作的概念，这反过来又将决定分析师在他的患者身上实现心理调整和改变的方法。

我认为我们这些精神分析师们应该致力于一个治疗理论。在这篇论文中，就我的临床体验，也就是我在分析小节中的日常"遭遇"，遇到的个体痛苦的现实、临床工作的"生肉"（raw flesh），我想进行一些理论上的思考。这正是在治疗小节这一微妙领域中，我们在日常工作中的个人承诺的来源，也是在临床工作理论化中特别强调移情和反移情的缘由。

为了发展这些想法，我把自己置于产生精神分析行动的过程的开端，我将从这里开始，并问自己：为什么一个人会去咨询一个分析师？这个问题将作为我在这篇论文中所聚焦的不同子主题之间的一种联系。让我们来探究一下这样的特定情况：某个人在他生命中的某个特定时刻，决定向一位分析师进行咨询；当一个人感到"一种奇怪感"，这样的时刻导致一个人（大多数时间没有明确意图地）去启动探究他自己、他的环境和构成他作为一个主体的历史的过程。然后，以呈现问题及其在移情中的发展为例，我将尝试探究在精神分析过程中通过移情而呈现的心理结构和情意丛。在这段"旅程"中，我将不时地对分析过程中说出来的话语的相关性以及对它的理解进行一些思考。我指的不仅是可能使被潜抑的东西恢复回来的话语，还有使那些"超出语言的"的东西恢复回来的话语（Marucco，1986），以及带来挑战，让我们去寻找一种方式来表征那些不可言说的东西、那些"未被思考过的已知"（Bollas，1991）、那些不断重复的哑音（mute）、那些没有被记录在历史中但必须成为历史的东西的话语。总之，我在这里说的是当前的病理学对精神分析阐释（Green，2002c）的要求和对精神分析师的理论的、临床的工作的要求。

为什么某个人要咨询分析师？

对精神分析性的询问持开放态度

为什么某个人要咨询分析师？这个问题是旧的精神分析询问的总结，并且是与一些基本理论发展相关的临床问题，例如与自恋、俄狄浦斯情结、生的驱力及死亡驱力有关的问题，当然还有与移情有关的问题。让我们再问一次：为什么某个人会在他生命中的某个特定时刻去咨询分析师？我暂时说"某个人"（在某种意义上他不能被认为是一个患者或是一个受分析者）是为了在开始时尊重这个人的单独性，就像我们在分析过程中将尊重他的个人特征一样——假使有个人特征的话。之前的会谈（即初始访谈）——它们根本上是分析性的（Marucco，1998）——应该被希望带来一定程度的启发，因为这是分析发生的条件，也是这个个体成为受分析者的条件。而且这只有在进行咨询的人和分析师一致同意开始这项"事业"时才会发生，而这就像友谊或爱情一样，必须是自由的、自发的。

我重复一遍：为什么有人要咨询分析师？我更愿意说"与一个分析师咨询"（consult with an analyst），就像分析师不会"访谈一个人"，而是

"与一个人进行访谈"一样。为什么我要强调介词？因为它改变了舞台上演员的角色。当说我们"访谈一个人"时，这意味着我们对他有一定程度的权力或支配力：他被我们访谈。然而，"与一个人进行访谈"意味着与后者建立了一种不同的关系：这是一次对话。某个人"咨询"一个分析师，就是在一个知道自己命运的祭司面前扮演了 Oedipus 的角色——而这个祭司实际上像海市蜃楼一样，是那个人的命运神经症（fate neurosis）的投射。而"访谈"Oedipus 的分析师也许扮演了 Sphinx* 的角色，向他提出问题，这也将决定他的命运。根据 Álvarez de Toledo（1996）的说法，去咨询的人的这种"神奇信念"是分析情境发生的条件。我同意：在分析开始之时，知识的位置"被存放"在分析师身上。也就是说，有一种理想主义助长了一个幻觉，即这个"他人"（祭司）拥有关于自己的痛苦的秘密，一个人应该被动地从他那里期待"神奇的话语"，就像一种咒语，这将使渴望已久的治愈成为可能。这就是为什么我认为，要使分析关系沿着理解而非魔法的道路前进，"被抑制的-目标驱力"（inhibited-aim drives）（Freud，1915c）与这一信念（即存在一种允许与他人建立联结的相互信任）共存是至关重要的。为什么需要与他人建立联结呢？因为精神分析永远不能完全免除暗示的风险（Marucco，2007），也因为理想化总是带着一个迫害的胚芽，所以这个曾经"全好"的"他人"迟早会变成一个有预兆的迫害者。

因此，尽管神话中的引言写道"太初有道"（In the beginning was the Word），一切都无非是通过陈述话语来完成的，但事实是，只有当话语由一方向另一方说出来，同时带有能指（signifier）和所指（signified）时，它们才达到真正的人的维度。从分析对话的一开始，这种"神奇信念"就应该与通过话语的重要价值来使它浮现的尝试共存。在分析过程中，随着"魔法"逐渐被消解，这个过程将越来越呈现出有意义的合理性。

---

* Sphinx 形象是由人、狮、牛、鹰共同组成的人兽合体。希腊人把 Sphinx 想象成一个会扼人致死的怪物，Sphinx 的人面象征着智慧和知识。在希腊神话中，Hera 派 Sphinx 坐在忒拜城附近的悬崖上，拦住过往的路人，用 Muse 所传授的谜语问他们，猜不中者就会被它吃掉，这个谜语是："什么动物早晨用四条腿走路，中午用两条腿走路，晚上用三条腿走路？腿最多的时候，也正是他走路最慢，体力最弱的时候。"Oedipus 猜中了正确答案，谜底是"人"。Sphinx 羞愧万分，跳崖而死（一说为被 Oedipus 杀死）。——译者注。

症状和陌生感

如果症状的概念是明确的，那么可以说咨询一个分析师或与一个分析师进行咨询的某个人是被他的症状触动的。但什么是症状呢？它并不是一个容易定义的东西，如果考虑到提出这个问题的理论的、临床的、历史的和社会的背景，那就更不容易了。我同意那些人认为的，不是"有"症状，而是人类主体本身就是一个症状：Narcissus 和 Oedipus 之间、否认和潜抑之间，最终是同族结婚制和异族结婚制之间的妥协。用物理学的术语来说，主体是"推"和"拉"他的力以及他与之"摔跤"的力量的合力。那么，我们能说每个正常人都"有"症状并且"是"一个症状吗？Freud 在《可终结与不可终结的分析》（Terminable and Interminable Analysis）（1937c）中写道："一个'正常的'自我……就像一般而言的常态一样，是一个理想的虚构之物。"他已经将形容词"正常的"放在引号中。

撇开经济和文化条件不谈，为什么某个人去咨询，而其他人不去咨询？用"自我-和谐"和"自我-失谐"来对此解释只是停留在描述的层面上。可以说，如果一个人决定与一个分析师进行咨询，那是因为他的症状正在被投注。由于精神分析中仍然充斥着医学模式，我们可以认为，患者需要"症状的加剧"或"症状的包围"来知道接下来会发生什么，让他有一个"开始词"，或者让咨询"针对某件事"，那只能是"某件特别的事"。这个由症状预先决定的开始词，与通过自由联想出现的语词仍然相距甚远。因此，症状［感觉不好、有点疼痛（如果我们想这么说的话）］对去咨询的人来说是一个"名片"，正如它所说的那样，也正如它没有说的那样。症状是性、欲望和生命驱力的领域。患者的话语既是欲望的见证，也是欲望的隐藏，是能指的领域和分析师的诠释的领域（Marucco, 2003）。

此外，我想强调患者的"奇怪感"；或者也许是分析师感觉他"奇怪"，并且能够用语言来表述——不管他是否告诉患者——那种令人不安的奇怪（*inquiétante étrangeté*）引起的"神秘"（the uncanny）感（Freud, 1919h）。这是最卓越的临床情况。分析师可能处理或不处理大量的理论概念，但只要他借助于他的浮游注意，一些（自由）联想（Guiter et al., 1984）会浮现，它们将贡献它们的部分，因此，"理论"不会关闭和填塞正在他面前的、他参与上演的、奇怪的同时也是熟悉的事件。这是移情和相互反移情的领域，在这之中，死亡驱力被看作付诸为一种会重复的强烈欲望。我们对它的一些隐秘的表现感到惊讶，很快它又一次地避开了我们。在那个"某人"身上有某种"格格不入的"东西、某种我们感到"奇怪"的东西（Marucco, 1998）、自我和理想之间冲突的领域、超越快乐原则的强迫重复领域（Freud, 1920g）。因为在每一种神经症中，自恋和死亡驱力总是存在的（Marucco, 2003），虽然这里使用的词应该是 *agieren*（驱力"行动"）而不是 content（驱力"内容"），但并没有减轻分析师重建驱力历史的责任。

咨询的时间点

让我们再次提出我们之前的问题：为什么某个人会在他生命中的某个特定时刻去咨询分析师？在他生命中的某个特定时刻，某个人不仅会有症状，而且觉得他自己不再是原来的那个人了，就好像熟悉的东西不可思议地变成了陌生的，并且占据了他。原因是什么？这里面有多种决定因素，始于生命本身。生活使我们面临新的情况，在这种情况下，一个协议（我很快会说是什么样的协议）被声明无效，尽管在那之后也许一切都像往常一样继续着。毫无疑问，某个人在试图发现有关他自己的某些东西，那些让他变得奇怪的东西。他生命中的这个特定时刻让他面临着一个情境，这个情境等同于一个研究者试图解开一个喧嚣地驻扎在他自己内心的谜。

我想强调的是，当咨询的时间点到来时，不仅有 Eros* 的轧轧作响的表现（症状），还有更多的 Narcissus 的迷恋的无声表达以及命运重复的无声表达（死亡驱力）（Freud, 1919h, 1920g）。这就是为什么去咨询的人会犹豫，为什么他的态度会非常矛盾。一方面，他带着神奇幻觉去咨询祭司，他认为祭司会用从那个近乎"催眠"的协议中得到的答案来拯救他。另

---

* Eros 是希腊神话中的爱与情欲之神。——译者注。

一方面，他与一位分析师进行咨询（让我们再次强调介词），分析师将实施治疗，但并不处于支配地位，也不能假装这样；而且去咨询的那个人知道这一切，但同时又否认这一点。分析师将帮助他与该协议作斗争，而不与他签署任何新的协议。

让我们转向第一个疑问：为什么某个人要咨询一个分析师？这个人在寻找两个他自己永远也提不出的问题的答案。一个问题与声明"协议"无效的方式有关——他曾经在没有意识到它的情况下签署了这个协议，或者，正如他隐约瞥见的那样，他是被迫签署了这个协议——也与他摆脱它的方式有关。另一个（也是无声的）问题是 Narcissus 和 Oedipus 都提出过的：我的命运是什么？正如我们以后会看到的，这两个术语，"协议"和"命运"，在分析实践中汇聚，并在我对弗洛伊德学派理论的特别解读中获得了完整的意义。

分析情境的特殊遭遇将发生，这是由难以预测的、对这些问题的答案的搜寻所引起的。这是一个自由联想和诠释的相遇，其中的轴，其中的脊髓，就是移情。我认为，在咨询时，这个人与分析师打了一个赌，分析师也打了一个差不多的赌。分析师必须打一个赌，以继续声明他自己的协议无效，尽管他知道自己永远也不会完全摆脱它。他的赌注应该很大，这样才能让这个问题继续存在下去，这个问题使他认为成为一名分析师是他自己的选择和人生计划。这种永恒的质疑一直是弗洛伊德学派努力的一部分。让我们简要地概述一下，以便我们可以在更好地理解我们已经走过的路程的情况下继续走我们自己的路。

1920 年，Freud 感到迷惘、困惑。他也不得不面对一个协议，以更新或取消他的承诺。他是揭秘者、解码者，被一系列与他的理论支柱相悖的事件困扰，这些事件似乎正在震倒它们。1919 年，他出版了《不可思议之意象》（The Uncanny），这是他从 1913 年开始写的论文。在他的临床工作中，事情似乎都不顺利。"狼人"将他引向了关键理论和临床想法的门口，但患者本人并未跨过任何门槛；相反，他经历了几次严重的旧病复发。生命之战不再是在自我对抗性驱力的领域中进行。当 Freud 进行对忧郁的研究时，他不能不受到忧郁症患者加于其自身的自我毁灭的影响，在《论自恋：

一篇导论》(On Narcissism: An Introduction)(1914c)中，自我和理想之间的冲突变得更加复杂。今天，我们对自我毁灭的冲动已经相当熟悉了；对于 Freud 来说，在 1920 年，它成为一个严重的阻碍，可能会让他垮掉。为什么某个人想自我毁灭？自我和性驱力之间的冲突必须被移到一边，从而让我们看到一个在它下面的新冲突，它是自我和超我之间的冲突（Freud，1923b），或者，如 Freud 在 1920 年所称的"神秘的自我受虐倾向"。

为了在这个问题上找到一个立足点，Freud 回顾了精神分析技术的发展，并发现俄狄浦斯情结的碎片和分枝在移情中被重复，但是现在有了"一个新的显著的事实"，他是这样描述的："强迫性重复也会让人想起过去的体验，这些体验不可能带来快乐，即使在很久以前它从未给已经被潜抑的本能冲动带来满足。"（Freud，1920g）关于这一点也正是患者在分析中说的，有时没有用话语表达出来；这些重复——正如我们将看到的，必须成为一个历史（Green，2002c；Marucco，2007）——其中包含了我在前面提到的"奇怪感"。

这里仍然有两个问题要问：是谁或者是什么指挥着这些不服务于快乐原则的重复？如果我们认为这些从未令人愉快的情况并不是来自被潜抑的驱力领域，那么他们属于哪个精神领域？

当然，看起来我们在这里描述的是一种"自动性"。Freud 称之为"恶魔般的强迫重复"。在他的文章的另一部分中，他将其与他的记忆痕迹理论联系起来：重复可能是原始的、不可控制的思维遗迹，不能与次级过程结合，也不能与语词结合。他意识到并传达了这样一个信息：强迫性重复不仅仅局限于严重的病理，而且"是对神经症患者进行分析的过程的一部分"（Freud，1919h）。在我看来，这种强迫不仅出现在分析过程的一部分中，也出现在整个过程中，而且是精神分析性治疗的一个关键元素——就像奇怪感一样。

Freud 摆脱了他的自我质疑（声明协议无效），在理论上丰富并假设了他最终的二元驱力：生的驱力和死亡驱力。症状和奇怪感都是这两种驱力不同程度融合的临床表现。的确，出现于患者内部的自我毁灭趋势是不可否认的，但为什么这种倾向在某些个体身上比在其他个体身上更明显呢？也许是因为体质的倾向？作为这个部分的总结，我更愿意说，驱力的死亡意义（Thanatic significance）是由主体间的决定因素和文化所赋予的（Marucco，1985）。

关于命运与声明协议无效（母性阉割）的讨论

我回到前面的主题：去咨询的人怎么可能试图（甚至没有意识到它）在"超越快乐"的领域重复他的痛苦？Freud（1920g）将这种强迫重复的表现称为"命运神经症"。现在，如果强迫重复是我们的命运，它会在我们的内心中，但永远不会属于我们。然而，命运神经症与任何其他神经症一样是可分析的。当命运是"神经症"的形容词时，命运就变成了人。也许这个短语可以追溯到 1920 年［《超越快乐原则》（Beyond the Pleasure Principle）］，在 2011 年它应该被理解为"超越"潜抑，或是在俄狄浦斯情结"之前"，但在我们的分析任务"之内"；也就是说，将其理解为受分析者的问题之一，这是精神分析性治疗必须考虑的问题。

我认为，一方面是症状，另一方面是奇怪感，证实了在每个去咨询的人内部共存着移情神经症与命运神经症。就理论而言，我们在这里看到的是被潜抑的东西（俄狄浦斯的欲望）的返回和超越快乐原则（同族结婚的命令）的强迫重复（Abadi，1980）。

将自我分裂成一个与俄狄浦斯情结对应的区域和一个与自恋情结对应的区域的想法是关键的理论要素，它使我从 1980 年开始假设将"第三个地形学图式"作为一个必要的概念工具，以理解对这种心理结构的描述，以及我们将看到的移情现象。

如果我们的命运是重复，那么在我们的命运中什么东西是被重复的？换句话说，在"恶魔般的强迫重复"中被重复的是什么？又是为了什么？让我们记住 Freud（1920g）就这一点所说的话：

（神经症患者）试图在治疗尚未完成时中断治疗；他们再次设法感觉自

己被蔑视，迫使医生对他们严厉地说话，冷淡地对待他们；他们为他们的嫉妒找到适合的对象；为了代替他们童年时热切渴望的小婴儿*，他们制订了关于某个极好的礼物的计划或承诺——结果证明，这通常同样是不真实的。

那么，被重复的是什么呢？"感觉自己被蔑视"的需要。为什么它会以一种恶魔般的强迫形式来被重复？为了保存"最初时期被热切渴望的婴儿"。幻想登上了舞台；当前的重复所造成的痛苦使一个退行发生，个体退行到快乐童年的神话中，而未来（命运）被投射为一个永远无法被实现的承诺。因此，这是命运神经症的轨迹，一种未被思考的、已知的轨迹（Bollas，1991），它是通过行动而不是语词来表达的。让我们沿着这条路走下去：那个"最初时期被热切渴望的婴儿"是不真实的，但是个体试图保持他的存在（这是一个不寻常的悖论）。为什么？怎么做？为了谁？回到理论上，在《论自恋：一篇导论》一文中，Freud（1914c）告诉我们，父母的爱（如此慷慨和无私，令人感动）是"他们早已抛弃了的、他们自己的自恋的复活和繁殖"。这个孩子必须满足父母未被满足的愿望。如果是一个男孩，他必须是他父亲从未成为的高贵贵族；如果是一个女孩，她必须嫁给一个王子，作为对她母亲的回报。"这个男孩必须……""这个女孩必须……"对于他们的计划已经制订出来了。即使主体可能会说"我想要……"或者"我的愿望是……"，自我也不是他自己的房子的主人。通过父母的相互交织的欲望和文化，个人被构造成一个人类主体。以什么方式？作为那个最初时期被热切渴望的婴儿，孩子被父母"爱"，有时还被文化"称赞"（McDougall，1992）。

去咨询的人缺乏自爱，这表明"令人惊叹的孩子"（Nasio，1998）已经开始垮掉，并破裂成碎片。他的症状和他的奇怪感驱使他在不知不觉中去寻找那些有关协议和命运的问题的答案。在这个十字路口，分析师和他的话语的作用是什么？每一次重复被付诸行动（agieren），为了保存那个孩子（他在他的不真实中是真实的）而做出努力，这样他就不会衰老或死亡。为了谁的快

---

* Freud 在该引文中提到，孩子认为一个小婴儿（弟妹）的出生证明了他/她所爱慕的那个异性父母的不忠。孩子怀着悲壮的严肃态度试图自己生出一个小婴儿，但羞耻的是他/她失败了。——译者注。

乐而保存他？也许是为了那些已经被作为理想自我而合并入心理装置中的父母（轮到他们是原始的孩子）的快乐？"他们"需要这个无异议的、不真实的孩子的永久存在，这个孩子满足了他们所有的愿望，甚至保证了这样的愿望是存在的、可确定的。所有必须存在的存在着，所有不必存在的不存在：完整代替了不完整。如果那个孩子（每个孩子）不再否认父母的不完整，他就有被憎恨的危险（Green, 2005; Marucco, 2005）。换句话说，每当理想自我成长或改变时，它就变成了死亡的使者。这就是患者在分析中用他们命运的重复告诉我们的。用 Leclaire（1998）的话来说，分析师的干预将一次又一次地倾向于"杀死一个孩子"，即结束命运的重复，使分析找到新的出路。

现在我来谈谈之前以一种有点神秘的方式谈到的协议。在 Freud 引人入胜的文章《恋物癖》（Fetishism）（1927e）中，他描述了一些令他惊讶的事情：当面对两性之间的差异时，主体承认这一点，同时又不承认这一点。他对这一问题的两种态度形成了鲜明的对比，但两者又毫无困难地共存着。自我的一部分承认现实（两性之间的差异），并因为害怕被阉割而潜抑其乱伦冲动。它"埋葬"（Untergang）了它的俄狄浦斯情结，并提振了它的新兴的继承者——超我。被潜抑的潜意识就这样被建立起来了。Freud 说，另一部分并不承认这种差异，它否认这种差异是为了"让自己保持"在先前的状态中，即自恋中。被否认的是缺少阴茎，缺少一个不能丢失的、特别的阴茎：母亲的阴茎；通过这种否认，她开始被视为一个阳具母亲（phallic mother）。

正如我们已经说过的，这两种态度是共存的，就好像签署了一个协议，一个有着相互承诺和义务的协议。正如 Freud 所说的，否认（disavowal）允许不真实的孩子去接受不真实的礼物，但条件是真实的孩子承诺不长大、不质疑理想自我，也不质疑日常生活的任意性（McDougall, 1991）。这个协议的奖赏是一个裂缝，后来变成了在自我中的一个分裂。分析的任务将是尽量缩小这个缝隙，也就是说，帮助患者声明协议无效。我将在这里提前使用本文的结论：精神分析性治疗的成功将取决于通过声明协议无效和放弃不真实承诺的命运，将神话中的孩子转化为仅仅是一段美好的记忆。

孩子达到俄狄浦斯阶段，（或多或少地）在阳具母亲的功能运作方式中被捕获。从这个原始的和被动的认同开始［就像 Freud（1921c）所说的，认同是为了成为（be）（Marucco，1998），而不是为了拥有（have）］，他走向俄狄浦斯阶段并经历它。他在这个转变过程中遇到的困难的程度将取决于他对于他母亲的阉割的否认。我们可能会问：为什么需要否认它？一种假设是，其目标是保持处于完整状态的想法；这相当于 Narcissus 需要喷泉水来镜映他的美丽。在其他地方（Marucco，1986，1998），我想知道是否更恰当的说法是：是喷泉需要 Narcissus；现在我怀疑这个孩子是否因为害怕阳具母亲的憎恨而被迫否认。这就解释了憎恨在移情中的结构化作用，我将在下一部分提到这点。

在这个特定的场景中，分析师的角色会像个体历史中父亲的角色一样，执行对阳具母亲的阉割。在俄狄浦斯戏剧中，父亲应该能够看着他的裸体妻子并渴望她，而不是被那个变成"母亲-女神"（Mother-Goddess）的女人迷住。如果这个男人不能首先声明他对自己母亲的阉割无效，他就很难阉割他孩子的母亲。他总是需要得到自己父亲的帮助……从这里往前追溯，我们可以有一段无限的历史作为一个神经症的宗谱。

在移情和相互移情的领域中，分析师的话语将在这段历史的再版中发挥它们真正的重要作用。

移情中的存在

现在让我们看看我在开始时提到的（作为观察数据的）精神结构（症状和奇怪感）是如何在移情中被表达的。我们将在这里讨论被潜抑的和被否认的东西，然后讨论自我分裂、俄狄浦斯的和自恋的结构。

随着 Freud 工作的继续，"移情"的含义发生了变化。起初，它被认为是过去的一种不变的重复，但随着 Dora 个案（Freud，1905）的出现，对移情有了一个重要的修正：移情被认为是过去的一个"被修改和扩大的版本"。移情不再仅仅是重复（Neyraut，1976），而是带有新奇事物的重复。也就是说，在移情中有两个历史，一个是被不变地重复的历史，另一个是在移情过程中被修改的历史。这是一部生动的历史，因为它把我们带到了当下。

什么是移情？它是分裂的结果。在一个层面上，它是俄狄浦斯结构；基本上来说，自我和自我理想之间的关系是继发性认同的产物。从那里，被潜抑的东西返回，即症状（协议的不同表现）会出现。在另一个层面上，被移情的是共存的自恋结构；基本上来说，自我和自我理想之间的关系是通过来自阳具母亲的认同和对阳具母亲的认同来构建的。在这种未被潜抑的东西的返回中，在被否认的东西的返回中，奇怪感和命运的重复都会被表达出来。

这样，移情过程、它的工作和斗争，就有了开端。这是一场赌博，分析师必须准备好真正下赌注。通过对相互移情的自我分析，他将面对他对阳具母亲的认同（从"已被认同"的意义上来说，这是每一个经历被动的原始认同的主体所固有的）。为了将自恋的孩子从他的迷恋中解放出来，从施于他身上的符咒中解放出来，分析师必须首先将自己从那些让他与自己的阳具母亲紧紧捆绑的承诺中解放出来。在此处打开了分析实践的一个重要篇章：自我分析的篇章。分析是有终点的，而自我分析应该是无止境的。分析师的浮游注意不仅指向他的患者，还指向患者话语在他内心中所产生的回响。

因此，要声明古老的阳具母亲无效，首先最重要的是在相互移情中发现她，从而洞察移情的秘密。更进一步是把他和他自己的阳具母亲分开，在移情中，分析师成为驱力的对象。

我们可能想知道，在这种俄狄浦斯的移情中，分析师是否可能不再是他的患者的驱力对象，也就是说，是否真的存在 Freud 提到的"被升华的正性移情"，尽管只是在少数情况下。

让我们在这里停下来做一个简短的回顾。被转移的是 Freud（1912a）所称的"父亲意象"；在俄狄浦斯情结消解后，它最终将成为自我理想。然后，一种目标-抑制的移情会发生，在这之中，性冲动将变形为信任、温柔、关爱和理解。这里只有对目标的抑制，而不是对对象的改变。鉴于升华意味着目标和对象的改变，它不能被认为是一种升华的移情。

在这种正性的目标-抑制的移情中，情欲性的（erotic）移情和负性的移情可能会出现。它们这三者是"俄狄浦斯结构"的内容。如果这里还有一个自恋的结构与前者共存,正如我们所认为的那样,那么它肯定会在移情中显现出来。它选择通过对移情的理想化来完成这一过程,而移情的理想化常常与假性升华相混淆。这种"移情的理想化"(它与被升华的正性移情不同)出现在每一个分析中的某个时候,并且会援用暗示的力量、诠释的魔力、言语向行动的转化。今天,我们不会像在 Freud 时代那样听说分析是通过一种不可避免的情欲性移情进行的;然而,正是后者废黜了暗示以及客体的力量。换句话说,情欲性移情是被带到当下的驱力,挑战了理想化的移情(Marucco,1998)。

正如我们所知的,移情之爱最终会以这样或那样的方式消解。它是幻觉的黄昏,是生活的入口。迷恋——移情的理想化——努力成为永恒;它使一个二元关系的双方成为一体,并试图使它统一起来(Leclaire,1992)。在移情的理想化中,分析师的语词具有最高程度的确定性,就像一个绝对的真理。对于我们的诠释被过快、近乎自动地接受,我们必须做好充分的准备。

在那些时候,患者和分析师之间难道没有一种恐惧的感觉吗?我想,他们两个都可能有恐惧。负性移情逐渐形成了。它会一直是一种阻抗吗?在移情和相互移情中都有仇恨:当受分析者问自己他现在是谁以及他过去是谁("最初时期被热切渴望的婴儿")时对阳具母亲的仇恨。声明协议无效的时刻也是恐惧的时刻……因为父母的意愿尽管是令孩子感觉疏远的,但也是构成性的。当我质疑我自己的时候,我是谁?这里有留给奇怪感的空间。阳具母亲在过去曾是一个结构元素,她现在威胁她不再是一个结构元素了。现在是负性治疗反应出现的时候了:当患者好转时,他就会恶化。分析师将不得不提高赌注,忍受由声明协议无效所引发的恐惧。他的言语将描述患者言语中涉及的行动和内容。分析师会将患者的疾病转化为焦虑,然后这种焦虑会质疑自恋的孩子。分析师的言语将建立起他的患者的独特历史、他的父母的构成愿望的历史,以及他所处的文化的历史,因此它可能最终成为历史,成为对过去的记忆。

类似于 Freud(1937d)在《分析中的建构》中所指出的("一直到你 n 岁,你都认为自己是你母亲唯一的和无限的拥有者……"),分析师的言语将取代重复被否认的东西。这种由分析师对那些甚至无法用语言描述的事物进行的历史重建,赋予了个人重写他自己历史的意义。

至少在理论上,我们来到了分析的真正终点,也是一个没有终点的自我分析的起点。正如 Freud（1940a）所说的,分析师的知识最终成为受分析者的知识。后者在穿过中间地带（移情）后开始了新的生活,这也是他生命的一部分。但这是患者和分析师两者的生活。

我再问一次:是否存在被升华的正性移情？当然,有一种目标-抑制的移情使寻找、质疑、想知道和了解成为可能。但是驱力的对象,也是问题所指向的对象,可以说,一直是分析师。

现在,当分析接近尾声时,移情的升华可能真的开始了,如果在对目标的抑制之外,我们加入了对客体的松绑和对另一个异族结婚制的性客体的寻找,这也是对一种抽象概念的认同。

我们已经到了分析性戏剧的最后一幕,帷幕落下了。仍然有些问题要问,但现在它们被引向了别处:被引向询问本身所在的地方。

是时候向患者——以及我的读者——告别了。

致谢

感谢 IPA 出版委员会邀请我为《论〈论开始治疗〉》一书撰稿,此书将收录在《当代弗洛伊德:转折点与重要议题》系列中。

参考文献

Abadi, M. (1980). ¿Deseo edípico o mandato endogámico? *Revista de Psicoanálisis, 37*: 1.

Abelin-Sas, A. (2008). Recent work by Hugo Bleichmar. *Journal of the American Psychoanalytic Association, 56*: 295–304.

Abend, S. M. (2000). Analytic technique today. *Journal of the American Psychoanalytic Association, 48*: 9–16.

Ablon, S. J. (2005). Reply to Blatt and Fonagy. *Journal of the American Psychoanalytic Asciciation, 53*: 591–594.

Ablon, S. J., & Jones, E. E. (1998). How expert clinicians' prototypes of an ideal treatment correlate with outcome in psychodynamic and cognitive behavioral therapy. *Psychotherapy Research, 8*: 71–83.

Ablon, S. J., & Jones, E. E. (1999). Psychotherapy process in the National Institute of Mental Health treatment of Depression Collaborative Research Program. *Journal of Consulting and Clinical Psychology, 67*(1): 64–75.

Ablon, S. L. (1994). "How can we know the dancer from the dance?": the analysis of a five year old girl. *Psychoanalytic Study of the Child, 49*: 315–327.

Adler, G. (1980). Transference, real relationship and alliance. *International Journal of Psycho-Analysis, 61*:547–558.

Aisenstein, M. (2010). Les exigences de la représentation. *Congrès de Psychanalyse du Langue Français, 70*: 123.

Alvarez, A. (2010). Levels of analytic work and levels of pathology: the work of calibration. *International Journal of Psychoanalysis, 91*: 859–878.

Álvarez de Toledo, L. G. de. (1996). The analysis of 'associating' 'interpreting' and 'words': use of this analysis to bring unconscious fantasies into the present and to achieve greater ego integration. *International Journal of Psycho-Analysis, 77*: 291–317.

Bachrach, H. M., Weber, J. J., & Solomon, M. (1985). Factors associated with the outcome of psychoanalysis, (clinical and methodological considerations): Report of the Columbia Psychoanalytic Center Research Project. *Int. R. Psycho-Anal., 12*: 379–389.

Balint, M. (1960). Primary narcissism and primary love. *Psychoanalytic Quarterly, 29*: 6–43.

Barale, F., & Ferro, A. (1992). Negative therapeutic reactions and microfractures in analytic communication. In: L. Nissim Momigliano & A. Robutti (Eds.), *Shared Experience: The Psychoanalytic Dialogue* (pp. 143–165). London: Karnac.

Baranger, M. (1963). Bad faith identity and omnipotence. In: L. Glocer Fiorini (Ed.), *The Work of Confluence. Listening and interpreting in the Psychoanalytic Field. Madeleine and Willy Baranger* (pp. 188–202). London: Karnac, 2009.

Baranger, M. (1993). The mind of the analyst: from listening to interpretation. *International Journal of Psycho-Analysis, 74*: 15–24

Baranger, M., & Baranger, W. (2008). The analytic situation as a dynamic field. *International Journal of Psycho-Analysis, 89*: 795–826.

Beebe, B., Rustin, J., Sorter, D., & Knoblauch, S. (2003). An expanded view of intersubjectivity. *Psychoanalytic Dialogues, 13*: 805–841.

Bergeret, J. (1975). *La dépression et les états limites*. Paris: Payot.

Bion, W. R. (1962). *Learning From Experience*. London: Karnac.

Bion, W. R. (1963). *Elements of Psycho-analysis*. London: Karnac.

Bion, W. R. (1965). *Transformations*. London: Karnac, 1984.

Bion, W. R. (1970). *Attention and Interpretation*. London: Karnac.

Bion, W. R. (1983). *The Italian Seminars*, F. Bion (Ed.). London: Karnac.

Bion, W. R. (1987). *Second Thoughts*. London: Karnac.

Bion, W. R. (1992). *Cogitations*. London: Karnac.

Bion, W. R. (2005). *The Tavistock Seminars*, F. Bion (Ed.). London: Karnac.

Blatt, S. J. (2001). The effort to identify empirically supported psychological treatments. *Psychoanalytic Dialogues, 11*: 635–646.

Blatt, S. J., Zuroff, D. C., Quinlan, D. M., & Pilkonis, P. A. (1996). Interpersonal factors in brief treatment of depression: Further analyses of the National Institute of Mental Health Treatment of Depression Collaborative Research Program. *Journal of Consulting and Clinical Psychology*, *64*: 162–171.

Bleandonu, G. (1994). *'Wilfred Bion' His Life and Works, 1897–1979*. London: Free Association Books.

Bleichmar, H. (1997). *Avances en Psicoterapia Psicoanalítica. Hacia una Técnica de Intervenciones Específicas*. Barcelona: Paidós.

Bleichmar, H. (2004). Making conscious the unconscious in order to modify unconscious processing: some mechanisms of therapeutic change. *International Journal of Psychoanalysis*, *85*: 1379–1400.

Bleichmar, H. (2010). Rethinking pathological mourning: multiple types and therapeutic approaches. *Psychoanalytic Quarterly*, *1*: 71–93.

Blum, H. P. (1998). An analytic inquiry into intersubjectivity: Subjective objectivity. *Journal of Clinical Psychoanalysis*, *7*: 189–208.

Bollas, C. (1991 [1987]). *The Shadow of the Object: Psychoanalysis of the Unthought Known*. New York: Columbia University Press.

Braitenberg, V., & Schüz, A. (1998). *Cortex: Statistics and Geometry of Neuronal Connectivity*. Berlin: Springer Verlag.

Brenner, C. (1979). Working alliance, therapeutic alliance, and transference. *Journal of the American Psychoanalytic Association, Supplement*, *27*:137–157.

Cahill, L., & Alkire, M. T. (2003). Epinephrine enhancement of human memory consolidation interaction with arousal at encoding. *Neurobiology of Learning and Memory*, *79*: 194–198.

Cahn, R. (2002). *La fin du divan?* [*The End of the Couch?*]. Paris: Odile Jacob.

Caligor, E., Hamilton, M., Schneier, H., Donovan, J., Luber, B., & Roose, S. (2003). Converted patients and clinic patients as control cases: a comparison with implications for psychoanalytic training. *Journal of the American Psychoanalytic Association*, *51*: 201–220.

Caligor, E., Stern, B. L., Hamilton, M., MacCormack, V., Wininger, L., Sneed, J., & Roose, S. P. (2009). Why we recommend analytic treatment for some patients and not for others. *Journal of the American Psychoanalytic Association*, *57*: 677–694.

Canestri, J. (2006). *Psycho-Analysis From Practice to Theory*. West Sussex, England: Whurr.

Cassorla, R. (2009). Reflexões sobre *não-sonho-a-dois*, *enactment* e função alfa implìcita do analista. *Revista Brasileira de Psicanálise*, *43*(4): 91–120.

Castonguay, L. G., Goldfried, M. R., Wiser, S. L., Raue, P. J., & Hayes, A. M. (1996). Predicting the effect of cognitive therapy for depression: a study of unique and common factors. *Journal of Consulting and Clinical Psychology, 64*: 497–504.

Clyman, R. B. (1991). The procedural organization of emotions: a contribution from cognitive science to the psychoanalytic theory of therapeutic action. *Journal of the American Psychoanalytic Association, 39S*: 349–382.

Couch, A. S. (1999). Therapeutic functions of the real relationship in psychoanalysis. *Psychoanalytic Study of the Child, 54*: 130–168.

Curtis, H. (1979). The concept of therapeutic alliance: implications for the "widening scope". *Journal of the American Psychoanalytic Association, 27S*: 159–192.

Debiec, J., & LeDoux, J. E. (2006). Noradrenergic signalling in the amygdala contributes to the reconsolidation of fear memory: treatment implications for PTSD. *Annals of the New York Academy of Sciences, 1071*: 521–524.

Dickes, R. (1967). Severe regressive disruptions of the therapeutic alliance. *Journal of the American Psychoanalytic Association, 15*: 508–533.

Dispaux, M. F. (2002). Aux sources de l'interprétation [At the sources of interpretation]. In: *L'agir et les processus de transformations [Enactments and Transformation Processes]* (paper read to the CPLF). *Revue Française de Psychanalyse, XVI*(5): 1461–1496.

Donnet, J.-L. (1995a). *Surmoi I: le concept freudien et la règle fondamentale*. Paris: Presses Universitaires de France.

Donnet, J.-L. (1995b). *Le divan bien tempéré [The Well-Tempered Couch]*. Paris: Presses Universitaires de France.

Donnet, J.-L. (2005). *La situation analysante [The Analysing Situation]*. Paris: Presses Universitaires de France.

Donnet, J.-L., & Gougoulis, N. (2006). Le Centre de consultations et de traitements psychanalytiques Jean Favreau. Un entretien avec Jean-Luc Donnet [The *Jean Favreau* Consultation Centre: an interview with Jean-Luc Donnet]. *Revue Française de Psychanalyse, LXX*(4): 1015–1041.

Donnet, J.-L., & Minazio, N. (2005). Entretien des Carrefours psychanalytiques [An interview with the *Carrefours psychanalytiques*]. *Revue Belge de Psychanalyse, 46*: 65–88.

Fèdida, P. (2001). *Des bienfaits de la dépression, éloge de la psychothérapie [On the Benefits of Depression. In Praise of Psychotherapy]*. Paris: Odile Jacob.

Ferenczi, S. (1930). The principle of relaxation and neocatharsis. *International Journal of Psycho-Analysis*, *11*: 428–443.

Ferro, A. (1999). *The Bi-Personal Field: Experiences in Child Analysis*. London/New York: Routledge.

Ferro, A. (2002a). Some implications of Bion's thought: the waking dream and narrative derivatives. *International Journal of Psychoanalysis*, *83*: 597–607.

Ferro, A. (2002b). *In the Analyst's Consulting Room*. London/New York: Routledge.

Ferro, A. (2003). Marcella from explosive sensoriality to the ability to think. *Psychoanalytic Quarterly*, *LXXII*: 183–200.

Ferro, A. (2006). Clinical implication of Bion's thought. *International Journal of Psychoanalysis*, *87*: 989–1003.

Ferro, A. (2008). *Mind Works: Technique and Creativity in Psychoanalysis*. London & New York: Routledge/New Library.

Ferro, A. (2009). Transformations in dreaming and characters in the psychoanalytic field. *International Journal of Psychoanalysis*, *90*: 2009–2030.

Ferro, A. (2011). *Avoiding Emotions, Living Emotions*. London/New York: Routledge.

Ferro, A., & Basile, R. (Eds.) (2009). *The Analytic Field*. London: Karnac.

Ferro, A., Civitarese, G., Collovà, M., Foresti, G., Mazzacane, F., Molinari, E., & Politi, P. (2007). *Sognare l'analisi. Sviluppi clinici del pensiero di Bion*. Torino: Bollati Boringhieri.

Fodor, J. A. (1983). *Modularity of Mind: An Essay on Faculty Psychology*. Cambridge, MA: MIT Press.

Fonagy, P. (1999). Memory and therapeutic action. *International Journal of Psychoanalysis*, *80*: 215–223.

Freud, A. (1954). The widening scope of indications for psychoanalysis (discussion). *Journal of the American Psychoanalytical Association*, *2*: 607–620.

Freud, S. (1891b). *ZurAuffassung der Aphasien*. [*On Aphasia. A Critical Study*]. New York: International Universities Press, 1953.

Freud, S. (1895d). *Studies on Hysteria* (with J. Breuer). *S.E.*, *2*. London: Hogarth.

Freud, S. (1900a). *The Interpretation of Dreams*. *S.E.*, *4–5*. London: Hogarth.

Freud, S. (1905a [1904]). On psychotherapy. *S.E.*, *7*: 255–268. London: Hogarth.

Freud, S. (1905e). *Fragment of an Analysis of a Case of Hysteria*. *S.E.*, *7*: 1–122. London: Hogarth.

Freud, S. (1907b). Obsessive actions and religious practices. *S.E.*, *9*: 117. London: Hogarth.

Freud, S. (1909a [1908]). Some general remarks on hysterical attacks. *S.E.*, *9*: 229. London: Hogarth.

Freud, S. (1909d). *Notes upon a Case of Obsessional Neurosis*. *S.E.*, *10*: 153. London: Hogarth.

Freud, S. (1912a). The dynamics of transference. *S.E.*, *12*: 97–108. London: Hogarth.

Freud, S. (1912b). The dynamics of transference. *S.E.*, *12*: 99. London: Hogarth.

Freud, S. (1912e). Recommendations to physicians practising psycho-analysis. *S.E.*, *12*: 109–120. London: Hogarth.

Freud, S. (1912–1913). *Totem and Taboo*. *S.E.*, *13*: ix. London: Hogarth.

Freud, S. (1913a). Letter from Freud to Ludwig Binswanger, 20 February, 1913. *The Sigmund Freud-Ludwig Binswanger Correspondence 1908–1938*, pp. 112–113.

Freud, S. (1913c). On beginning the treatment (Further recommendations on the technique of psycho-analysis I). *S.E.*, *12*: 121–144. London: Hogarth.

Freud, S. (1913j). The claims of psycho-analysis to scientific interest. *S.E.*, *13*: 165. London: Hogarth.

Freud, S. (1914c). On narcissism: an introduction. *S.E.*, *14*: 73–102. London: Hogarth.

Freud, S. (1914d). On the history of the psycho-analytic movement. *S.E.*, *14*: 3. London: Hogarth.

Freud, S. (1914g). remembering, repeating and working-through (Further recommendations on the technique of psycho-analysis, II). *S.E.*, *12*: 147. London: Hogarth.

Freud, S. (1915a [1914]). Observations on transference-love (Further Recommendations on the Technique of Psycho-Analysis, III). *S.E.*, *12*: 157–171. London: Hogarth.

Freud, S. (1915c). Instincts and their vicissitudes. *S.E.*, *14*: 109–140. London: Hogarth.

Freud, S. (1915d). Repression. *S.E.*, *14*. London: Hogarth.

Freud, S. (1915e). The unconscious. *S.E.*, *14*. London: Hogarth.

Freud, S. (1916d). Some character types met with in psychoanalytic work. *S.E.*, *14*: 311. London: Hogarth.

Freud, S. (1916–1917). *Introductory Lectures on Psycho-analysis Part III*. *S.E.*, *16*: 243–463. London: Hogarth.

Freud, S. (1917c). On transformations of instinct as exemplified in anal eroticism. *S.E.*, *17*: 127. London: Hogarth.

Freud, S. (1917e). Mourning and melancholia. *S.E.*, *14*: 237–258. London: Hogarth.

Freud, S. (1919a [1918]). Lines of advance in psycho-analytic therapy. *S.E.*, *17*: 159. London: Hogarth.

Freud, S. (1919h). The 'uncanny'. *S.E.*, *17*: 217–256. London: Hogarth.

Freud, S. (1920b). A note on the prehistory of the technique of analysis. *S.E.*, *18*: 263. London: Hogarth.

Freud, S. (1920g). *Beyond the Pleasure Principle*. *S.E.*, *18*. London: Hogarth.

Freud, S. (1921c). *Group Psychology and the Analysis of the Ego*. *S.E.*, *18*: 67–143. London: Hogarth.

Freud, S. (1923b). *The Ego and the Id*. *S.E.*, *19*: 12–66. London: Hogarth.

Freud, S. (1924d). The dissolution of the Oedipus complex. *S.E.*, *19*. London: Hogarth.

Freud, S. (1926d). *Inhibitions, Symptoms and Anxiety*. *S.E.*, *20*. London: Hogarth.

Freud, S. (1926e). The question of lay analysis. *S.E.*, *20*. London: Hogarth.

Freud, S. (1927e). Fetishism. *S.E.*, *21*: 149–157. London: Hogarth.

Freud, S. (1937c). Analysis terminable and interminable. *S.E.*, *23*: 209–254. London: Hogarth.

Freud, S. (1937d). Constructions in analysis. *S.E.*, *23*: 255–269. London: Hogarth.

Freud, S. (1940a [1938]). *An Outline of Psycho-Analysis*. *S.E.*, *23*: 139–208. London: Hogarth.

Freud, S. (1950a [1895]). *Project for a Scientific Psychology*. *S.E.*, *1*: 283. London: Hogarth.

Freud, S. (1961). *Letters of Sigmund Freud. 1873–1939*, E. L. Freud (Ed.), T. & J. Stern (Trans.). London: Hogarth.

Freud, S., & Breuer, J. (1895d). *Studies on Hysteria*. *S.E.*, *2*: 3–319. London: Hogarth.

Freud, S., & Breuer, J. (1940d [1892]). On the theory of hysterical attacks. *S.E.*, *1*: 151.

Friedman, L. (1988). *The Anatomy of Psychotherapy*. Hillsdale, NJ: The Analytic Press.

Gay, P. (1988). *Freud: Uma vida para nosso tempo*. São Paulo: Companhia das Letras, 1989.

Gill, M. (1982). Analysis of transference. *Psychological Issues, Monograph 53*. New York: International Universities Press.

Green, A. (1979). "Le silence du psychanalyste" [The analyst's silence is a laborious one, it drives his psychic apparatus to work] In: *La Folie Privée*. Paris: Gallimard, 1990.

Green, A. (1995). *Propédeutique: la métapsychologie revisitée*. Seyssel: Champ Vallon.

Green, A. (1999a). Passivité-passivation: jouissance et détresse [Passivity-passivation: ecstatic pleasure and distress]. *Revue Française de Psychanalyse, LXIII*(5) (Special Congress issue): 1587–1600.

Green, A. (1999b). On discriminating and not discriminating between affect and representation. *International Journal of Psycho-Analysis, 80*: 277–231.

Green, A. (2002a). *Idées directrices pour une psychanalyse contemporaine*. Paris: Presses Universitaires de France [*Key Ideas for a Contemporary Psychoanalysis. Misrecognition and Recognition of the Unconscious*, A. Weller (Trans.). London: Routledge, 2005].

Green, A. (2002b). *Conferências Brasileiras de André Green: Metapsicologia los limites* [*Brazilian Lectures of André Green*]. Rio de Janeiro: Imago, 1990.

Green, A. (2002c). *Time in Psychoanalysis: Some Contradictory Aspects*. Michigan: Free Association Books.

Green, A. (2005). *Ideas directrices para un psicoanálisis contemporáneo*. Buenos Aires: Amorrortu editores.

Greenberg, J., & Mitchell, S. (1983). *Object Relations in Psychoanalytic Theory*. Cambridge, MA: Harvard University Press.

Greenson, R. R. (1967). *The Technique and Practice of Psychoanalysis, Volume 1*. New York: International Universities Press, Inc.

Greenson, R. R., & Wexler, M. (1969). The non-transference relationship in the psychoanalytic setting. *International Journal of Psycho-Analysis, 50*: 27–39.

Groddeck, G. (1923). *The Book of the It*. [Das Buch vom Es]. New York: International Universities Press, 1976.

Grotstein, J. (2007). *A Beam of Intense Darkness*. London: Karnac.

Grotstein, J. (2009) ". . . But at the Same Time and on Another Level . . .". *Clinical Applications in the Kleinian/Bionian Mode*. London: Karnac.

Guignard, F. (2010). A interpretação através das idades da vida. *Congresso Latinoamericano de Psicanálise*, 28.

Guiter, M., & Marucco, N. (1984). Asociación libre y atención flotante. Puntualizaciones, reflexiones y comentarios. *Revista de Psicoanálisis, 41*: 5.

Hebb, D. (1949). *The Organization of Behavior*. New York: Wiley & Sons.

Heimann, P. (1950). On countertransference. *International Journal of Psychoanalysis, 31*: 81–84.

Hurlemann, R., Hawellek, B., Matusch, A., Kolsch, H., Wollersen, H., Madea, B., Vogeley, K., Maier, W., & Dolan, R. J. (2005). Noradrenergic modulation of emotion-induced forgetting and remembering. *Journal of Neuroscience, 25*: 6343–6349.

Jacobs, T. (1991). *The Use of the Self: Countertransference and Communication in the Analytic Situation*. Madison, CT: International Universities Press.

Jiménez, J. P. (2007). Can research influence clinical practice? *International Journal of Psychoanalysis, 88*: 661–679.

Jones, E. (1923). *Papers on Psycho Analysis* (3rd edn) (pp. 154–211). London: Bailliere, Tindal and Cox.

Kantrowitz, J. L. (1993). Outcome research in psychoanalysis: review and reconsiderations. *Journal of the American Psychoanalytical Association, 41S*: 313–329.

Kantrowitz, J. L. (1995). The beneficial aspects of the patient-analyst match. *International Journal of Psycho-Analysis, 76*: 299–313.

Kantrowitz, J. L. (1997). A different perspective on the therapeutic process: the impact of the patient on the analyst. *Journal of the American Psychoanalytical Association, 45*: 127–153.

Kantrowitz, J. L. (2002). The external observer and the patient-analyst match. *International Journal of Psycho-analysis, 83*: 339–350.

Keats, J. (1970). The Letters of John Keats: A Selection. R. Gittings (Ed.). Oxford: Oxford University Press.

Kensinger, E. A., & Corkin, S. (2004). Two routes to emotional memory: distinct neural processes for valence and arousal. *Proceedings of the National Academy of Sciences, 101*: 3310–3315.

Klein, M. (1952a). The origins of the transference. In: *Envy, Gratitude and Other Works, 1946* (p. 63). London: Hogarth.

Kohut, H. (1968). The psychoanalytic treatment of narcissistic personality disorders, *Psychoanalytic Study of the Child, 23*: 86–113.

Lacan, J. (1953a). The function and field of speech in psychoanalysis. In: B. Fink (Trans.), *Écrits* (pp. 31–106). New York: W. W. Norton & Co., 2002.

Lacan, J. (1953b). "Fonction et Champ de la Parole et du Langage en Psychanalyse". *Écrits*, pp. 301–302. Paris: Seuil, 1966.

Lacan, J. (1953–1954). *The Seminar of Jacques Lacan: Freud's Papers on Technique* (Vol. Book I), J.-A. Miller (Ed.), J. Forrester (Trans.). New York: W. W. Norton & Co., 1988.

Laplanche, J., & Pontalis, J. B. (1967). *Vocabulaire de la psychanalyse* (*The Language of Psycho-Analysis*). Paris: PUF.

Leclaire, S. (1992). Hablar en primera persona (Apuntes sobre el concepto de neurosis en la actualidad). *Revista de Psicoanálisis, 1*: 167–176.

Leclaire, S. (1998 [1975]). *A Child is Being Killed: On Primary Narcissism and the Death Drive*. California: Standford University Press.

LeDoux, J. (1996). *The Emotional Brain: The Mysterious Underpinnings of Emotional Life*. New York: Simon & Schuster.

Leuzinger-Bohleber, M., & Fischmann, T. (2006). What is conceptual research in psychoanalysis. *International Journal of Psychoanalysis, 87*:1355–1386.

Levy, I. (1995). The fate of the Oedipus complex: dissolution or waning. *International Forum of Psychoanalysis, 4*: 7–14.

Levy, S. T., & Inderbitzen, L. B. (2000). Suggestion and psychoanalytic technique. *Journal of the American Psychoanalytical Association, 48*: 739–758.

Lewin, B. (1946). Sleep, the mouth, and the dream screen. *Psychoanalytic Quarterly, 15*.

Lichtenberg, J. D. (1989). *Psychoanalysis and Motivation*. Hillsdale, NJ: The Analytic Press.

Lichtenberg, J. D., Lachmann, F. M., & Fossaghe, J. L. (2010). *Psychoanalysis and Motivational Systems. A New Look*. New York: Routledge.

Lipton, S. D. (1977). The advantages of Freud's technique as shown in his analysis of the Rat Man case. *International Journal of Psycho-Analysis, 58*: 255–273.

Little, M. (1951). Countertransference and the patient's response to it. In: *Transference Neurosis and Transference Psychosis*. New York & London: Jason Aronson.

Loewald, H. (1960). On the therapeutic action of psychoanalysis. *International Journal of Psychoanalysis, 41*: 16–35.

Lyons-Ruth, K. (1999). The two-person unconscious: intersubjective dialogue, enactive relational representation, and the emergence of new forms of relational organization. *Psychoanalytic Inquiry, 19*: 576–617.

Mannoni, M. (1980 [1979]). *La teoría como ficción. Freud, Groddeck, Winnicott, Lacan*. Barcelona: Grijalbo.

Martin, D. J., Garske, J. P, & Davis, M. K. (2000). Relation of the therapeutic alliance with outcome and other variables: a meta-analytic review. *Journal of Consulting and Clinical Psychology, 68*: 438–450.

Marucco, N. (1985). Acerca de Narciso y Edipo en la teoría y práctica analíticas. Lectura desde la inclusión de la cultura. *Revista de Psicoanálisis, 42*: 1.

Marucco, N. (1986). Más allá del placer: la palabra y la repetición. *Revista Brasileira de Psicanálise, 20*: 1.

Marucco, N. (1998). *Cura anal̀ítica y transferencia. De la represión a la desmentida*. Buenos Aires: Amorrortu editores.

Marucco, N. (2003). Algunas puntuaciones psicoanalíticas (desde mi práctica clínica). *Revista de Psicoanálisis, 60*: 2.

Marucco, N. (2005). Current psychoanalytic practice: psychic zones and the processes of unconscientization. In: *Truth, Reality, and the Psychoanalyst: Latin American Contributions to Psychoanalysis* (Chapter 7). London: International Psychoanalytical Association.

Marucco, N. (2007). Between memory and destiny: repetition. *The International Journal of Psychoanalysis, 88*: 309–328.

McDougall, J. (1991). *Theaters of the Mind: Illusion and Truth on the Psychoanalytic Stage*. London: Taylor & Francis Group.

McDougall, J. (1992 [1978]). *Plea For a Measure of Abnormality*. New York: Brunner/Mazel Editions.

Mello Franco Filho, O. (1994). Mudança psíquica do analista: da neutralidade à transformação. *Revista Brasileira de Psicanálise, 28*(2): 309–328.

Meltzer, D. (1990). *The Apprehension of Beauty*. London: The Roland Harris Educational Trust Library.

Menaker, E. (1942). The masochistic factor in the psychoanalytic situation. *Psychoanalytic Quarterly, 11*: 171–186.

Mitchell, S. A. (2000). *Relationality: From Attachment to Intersubjectivity*. Hillsdale, NJ: The Analytic Press.

Moreno, J. (2010). *Tiempo y trauma: continuidades rotas*. Buenos Aires: Lugar.

M'Uzan, M. de (1976a). Contre-transfert et système paradoxal [Counter-tranference and paradoxical system]. In: *De l'art à la mort*, Paris: Gallimard, 1977.

M'Uzan, M. de (1976b) Trajectoire de la bisexualité. In: *De l'art à la mort*, Paris: Gallimard, 1977.

Nacht, S. (1961). On technique at the beginning of psychoanalytic treatment. *Psychoanalytic Quarterly, 30*: 155 [also in *Revue Française De Psychanalyse, XXIV*: 5–18, 1960].

Nasio, J. D. (1998). *Five Lessons on the Psychoanalytic Theory of Jacques Lacan*. Albany: Suny Press.

Nemas, C. (2010). Un aspecto de la contratransferencia con pacientes borderline desde la perspectiva de las ideas de Donald Meltzer:

disponibilidad como objeto de internalización. *Congresso Latino-americano de Psicanálise, 28.*

Neyraut, M. (1976). *La transferencia.* Buenos Aires: Corregidor.

Nunberg, H., & Federn, E. (Eds.) (1962). *Minutes of the Vienna Psycho-analytic Society: Volume I, 1906–1908,* M. Nunberg (Trans.). New York: International Universities Press.

O'Carroll, R. E., Drysdale, E., Cahill, L., Shajahan, P., & Ebmeier, K. P. (1999). Stimulation of the noradrenergic system enhances and blockade reduces memory for emotional material in man. *Psychological Medicine, 29:* 1083–1088.

Ogden, T. H. (1994a). The analytic third: working with intersubjective clinical facts. *International Journal of Psycho-Analysis, 75:* 3–19.

Ogden, T. H. (1994b). *Subjects of Psychoanalysis.* London: Karnac.

Ogden, T. H. (2005). *This Art of Psychoanalysis.* London: Routledge.

Ogden, T. H. (2007). On talking as dreaming. *International Journal of Psycho-Analysis, 88:* 575–589.

Ogden, T. H. (2009). *Rediscovering Psychoanalysis. Thinking and Dreaming, Learning and Forgetting.* London: Routledge.

Oxford English Dictionary (1995). Oxford: Oxford University Press.

Pirandello, L. (1922). *Six Characters in Search of an Author* (English version by E. Storer). New York: E. P. Dutton.

Racker, H. (1968). *Transference and Countertransference.* New York: International Universities Press.

Robert dictionnaire (1988). *Dictionnaire d'apprentissage de la langue française.* Paris: Le Robert.

Roozendaal, B., Okuda, S., de Quervain, D. J., & McGaugh, J. L. (2006). Glucocorticoids interact with emotion-induced noradrenergic activation in influencing different memory functions. *Neuroscience, 138:* 901–910.

Rothstein, A. (1995). *Psychoanalytic Technique and the Creation of Analytic Patients.* Madison, CT: International Universities Press.

Roussillon, R. (1991). *Paradoxes et situations limites de la psychanalyse.* Paris: Presses Universitaires de France.

Roussillon, R. (1992). *Du baquet de Mesmer au "baquet" de S. Freud* [*From Mesmer's Bucket Seat to That of Freud*]. Paris: P.U.F.

Roussillon, R. (2010). Working-through and its various models. *International Journal of Psychoanalysis, 91:*1405–1417.

Shakespeare, W. (1966). Sonnet 30. In: *The Sonnets* (p. 17). Cambridge University Press.

Shedler, J. (2010). The efficacy of psychodynamic therapy. *American Psychologist, 65:* 98–109.

Solomon, J., & George, C. (1996). Defining the caregiving system. Toward a theory of caregiving. *Infant Mental Health Journal, 17*: 183–197.

Spitz, R. C. (1946). Anaclitic depression. *Psychoanalytic Study of the Child, 2*: 313–341.

Stern, D. N. (1985). *The Interpersonal World of the Infant. A View from Psychoanalysis and Developmental Psychology*. New York: Basic Books.

Stolorow, R. D., Brandchaft, B., & Atwood, G. (1983). Intersubjectivity in psychoanalytic treatment. *Bulletin of the Menninger Clinic, 47*(2):117–128.

Stone, L. (1961). *The Psychoanalytic Situation: An Examination of Its Development and Essential Nature*. New York: International Universities Press.

Strupp, H. H. (2001). Implications of the empirically supported treatment movement for psychoanalysis. *Psychoanalytic Dialogues, 11*: 605–619.

Szecsödy, I. (2009). Sándor Ferenczi: the first intersubjectivist. *Psychoanalytic Quarterly, 78*: 1244–1244.

Viederman, M. (1991). The real person of the analyst and his role in the process of the psychoanalytic cure. *Journal of the American Psychoanalytical Association, 39*:451–489.

Viederman, M. (2000). A psychoanalytic stance. In: J. Sandler, R. Michels, R. P. Fonagy (Eds.), *Changing Ideas In A Changing World: The Revolution in Psychoanalysis. Essays in Honour of Arnold Cooper*, (pp. 57–64). London: Karnac.

Wallerstein, R. S. (2000). *Forty-Two Lives in Treatment: A Study of Psychoanalysis and Psychotherapy*. New York: The Analytic Press.

Widlöcher, D. (1996). *Les nouvelles cartes de la psychanalyse* [*Psychoanalysis: New Cards, New Approaches*]. Paris: Odile Jacob.

Winnicott, D. W. (1951). Objetos transicionais e fenômenos transicionais. In: *Textos selecionados da pediatria à psicanálise*. Rio de Janeiro: Francisco Alves, 1988.

Winnicott, D. W. (1956). Primary maternal preoccupation. In: *Collected Papers: Through Paediatrics to Psycho-Analysis*. London: Tavistock Publications, 1958.

Winnicott, D. W. (1958a). *Collected Papers. Through Paediatrics to Psycho-Analysis*. London: Tavistock and New York: Basic Books [reprinted as *Through Paediatrics to Psycho-Analysis*. London: Hogarth Press and The Institute of Psycho-Analysis (1975); reprinted London: Karnac, 1992].

Winnicott, D. W. (1958b). The capacity to be alone. *International Journal of Psychoanalysis, 39*: 416–420.

Winnicott, D. W. (1958c). The capacity to be alone, In: *The Maturational Processes and the Facilitating Environment*. London: Karnac, 1990.

Winnicott, D. W. (1960). The theory of the parent–infant relationship. *International Journal of Psychoanalysis, 41*: 585–595.

Winnicott, D. W. (1971). *Playing and Reality*. London: Tavistock.

专业名词英中文对照表

absence	缺席
acting out	付诸行动
a dream-for-two	两人之梦
a point of arrival	一个到达点
anal	肛欲的
analysand	受分析者
analytic site	分析性的地基
associativity	结合性
cathexis	贯注
collateral transference	并行移情
complexes	情结
containing	涵容的
counter-cathexis	反投注
countertransference	反移情
death instinct	死亡本能
decathectisation	去贯注
dementia praecox	早发性痴呆
depressive position	抑郁位相
displacement	置换
dissociation	解离
dream screen	梦的屏幕
dream-thought	梦境思维
driving force	驱力力量
dynamics	动力学
enactment	活现/见诸行动
erotic transference	情欲性移情
evacuative interpretations	排空性的诠释
evenly suspended attention	均匀悬浮注意
expression interpretative function	表达诠释功能
fixation	固着

free association	自由联想
free-floating attention	自由浮游注意
hetero-preservation	异质保存
hyper-β protocontents	高于-β的原始内容
indexation	指数化
insight	内省力
interpretation	诠释
intersubjectivity	主体间性
introjection	内射
introversion neuroses	内向性神经症
K link	K链接
knowing	知道
lateral transference	平级移情
life instinct	生本能
mentalisation	心理化
momentum	动量
Monday crust	周一硬外壳
narrative interpretations	叙述性诠释
negative capability	消极能力
neurosis	神经官能症/神经症
neutrality	中立
non-dream-for-two	非两人之梦
Oedipus complex	俄狄浦斯情结
paraphrenia	妄想痴呆
passivity	被动性
phallic mother	阳具母亲
presence	在场/存在
primary dependence	原初依赖
primary processes	初级过程
projective identification	投射性认同

protoemotions	原情绪
PS position	PS 位相
referentiality	指称性
regression	退行
represent-action	代表-行动
repression	潜抑
resistance	阻抗
saturated interpretations	饱和的诠释
schizo-paranoid position	分裂-偏执位相
schizophrenia	精神分裂症
scopophilia	窥视癖
secondary gain	继发性获益
secondary processes	次级过程
Self Psychology	自体心理学
self-reference	自体指涉
session	治疗小节
setting	设置
signified	所指
signifier	能指
somatisation	躯体化
subjectivity	主体性
suggestion	暗示
superegoism	超我主义
suppress	压抑
symbolisation	象征化
thing-presentations	事物表征
topographical structure	地形结构
transference	移情
transference neuroses	移情神经症
two-person psychology	两人心理学

Ultimate Reality	终极实在
undoing	抵消
unsaturated or weak interpretations	不饱和的或弱的诠释
word-presentations	语词表征
working through	修通